本教材获海南热带海洋学院教材基金资助

数字电子技术

主 编 孙志雄 雷 红 龙顺宇

U0332847

中国海洋大学出版社

·青岛·

图书在版编目（CIP）数据

数字电子技术 / 孙志雄，雷红，龙顺宇主编. 一青岛：中国海洋大学出版社,2019.9
ISBN 978-7-5670-2439-7

Ⅰ.①数…　Ⅱ.①孙…　②雷…　③龙…　Ⅲ.①数字电路—电子技术—高等学校—教材　Ⅳ.①TN79

中国版本图书馆CIP数据核字（2019）第225390号

数字电子技术

出版发行	中国海洋大学出版社	
社　　址	青岛市香港东路23号	邮政编码　266071
网　　址	http://pub.ouc.edu.cn	
出 版 人	杨立敏	
责任编辑	邓志科	
电　　话	0532-85901040	
电子信箱	dengzhike@sohu.com	
印　　制	日照报业印刷有限公司	
版　　次	2019年11月第1版	
印　　次	2019年11月第1次印刷	
成品尺寸	185 mm × 260 mm	
印　　张	14.125	
字　　数	270千	
印　　数	1~1000	
定　　价	38.00元	
订购电话	0532-82032573（传真）	

发现印装质量问题，请致电0633-8221365，由印刷厂负责调换。

内容简介

　　《数字电子技术》是电子信息科学与技术、通信工程、船舶电子电气工程、物理学、计算机科学与技术、网络工程、软件工程等专业的一门专业基础课。主要内容包括数制与码制、逻辑代数、门电路、组合逻辑电路、触发器、时序逻辑电路、脉冲的产生与整形电路、模数和数模转换电路、存储器和可编程逻辑电路等。

　　通过本课程的学习，能使学生获得数字电子技术的基本理论、基本知识以及使用、分析和设计的一般方法。为学习后续课程，以及毕业后从事电子信息相关技术、科学研究打下理论基础和实验基础。

　　本书可作为高等院校电子类、通信信息类、计算机类专业"数字电子技术"课程的本科生教材。鉴于本书的实用性和应用性突出，还可以作为高职高专院校的"数字电子技术"教材，也可作为广大工程技术人员的参考书。

前　言

　　"数字电子技术"是一门应用性很强的专业基础课，它是研究数字逻辑、如何实现数字逻辑及数字电路应用的学科。为了适应应用型人才的培养要求，编者结合十多年的教学经验和实践，在编写过程中主要考虑：保证基础知识、重点内容突出、理论联系实际、注重能力培养。

　　本书主要内容安排如下：第1章，数制与码制；第2章，逻辑代数；第3章，门电路；第4章，组合逻辑电路；第5章，触发器；第6章，时序逻辑电路；第7章，脉冲产生与整形电路；第8章，数模和模数转换器；第9章，存储器和可编程逻辑器件等。

　　本书由孙志雄教授担任主编，并对全书进行整理和统稿。本书第3章、第5章、第6章和第9章由孙志雄编写；第4章和第7章由雷红编写；第1章、第2章和第8章由龙顺宇编写。在本书编写的过程中，参考了许多学者和专家的著作及研究成果，在此谨向他们表示诚挚的谢意。

　　本书系电子信息科学与技术省级特色专业、电子科学与技术特色实验示范中心成果，系海南热带海洋学院海洋类特色教材资助项目。

　　由于本书编者水平有限，书中难免存在错漏和不足之处，敬请读者批评指正。

编　者

2019年1月

目　录
CONTENTS

1　绪　论

随着现代电子技术的发展，数字化已成为当今电子技术的发展潮流，我们正处于一个信息时代。数字电子技术在家电、通信、工业控制等各个领域都得到了广泛的应用。而数字电子技术的核心和计算机、数字通信的硬件基础均是数字电路。由此可见数字电路的重要性。本章首先介绍数字信号和数字电路的一些基本的概念和特点，然后介绍数字电路中常用的数制及不同数制之间的转换，最后介绍了二进制的算术运算的原理和方法。

1.1　概　述

1.1.1　数字信号和数字电路

自然界中存在许许多多的物理量，研究其变化的规律特点，不难发现它们可以分为两大类。其中一类物理量的变化在时间上或者数值上是连续的，又或是在一段连续的时间间隔内，其代表信息的特征量可以在任意瞬间呈现为任意数值的信号，将这类物理量称为模拟量，把表示模拟量的信号称为模拟信号。如压力、速度、温度、声音等，这些物理量通过传感器转换成电信号随时间连续变化，可以用测量仪器测量出某一时刻的瞬时值，处理模拟信号的电子电路称为模拟电路。

而另外一类物理量的变化在时间上和数值上都是离散的，换句话说，它们的变化在时间上是不连续的，总是发生在一系列离散的瞬间，将其称之为数字量，把表示数字量的信号称为数字信号，如生产流水线上的记录零件个数的计数信号，电子表的秒信号等。而且，它们数值的大小和每次的增减变化都是某一个最小单位的整数倍，而小于这个最小数量单位的数值没有任何物理意义。处理数字信号的电路称为数字电路，目前普遍采用二进制数表示数量的大小。在二进制数中每一位只有1和0两种状态，而在电路中是用高、低电平分别表示1和0。对数字信号进行加工处理的电子电路称为数字电路，即数字电路可以实现对数字信号的传输、逻辑运算、计数显示及脉冲信号的产生和转换等。数字电路被广泛地应用于数字电子计算机、数字仪表、数字通信、数字控制等领域。

1.1.2 数字电路的特点和分类

1.1.2.1 数字电路特点

（1）集成系列多，通用性强

由于具有一系列的优点，数字电路在电子设备或电子系统中得到了越来越广泛的应用，计算机、计算器、电视机、音响系统、视频记录设备、光碟、长途电信及卫星系统，无一不采用数字系统。

（2）稳定性高，再现性好

由数字电路组成的数字系统，具有工作准确可靠、精度高、抗干扰能力强、稳定性好等特点。它可以通过整形很方便地去除叠加于传输信号上的噪声与干扰，还可以利用差错控制技术对传输信号进行查错和纠错，从而实现给定输入信号和数字电路输出信号的相同。而模拟电路的输出则随着外界温度和电源电压的变化，以及器件的老化等因素而发生变化。

（3）可编程性，可保存性

现代数字系统的设计，大多采用可编程逻辑器件，即厂家生产的一种半成品芯片。用户根据需求用硬件描述语言（HDL，Hardware Description Language）在计算机上完成电路设计和仿真，并写入芯片，这给用户研制开发产品带来了极大的方便性和灵活性。而且，数字信息便于长期保存，比如可将数字信息存入磁盘、光盘等介质，以便于长期保存。

（4）功耗低，时序性强

随着现代集成电路技术的发展，数字电路中的元器件大多处在开关状态，功耗比较低。为了实现数字系统逻辑函数的动态特性，数字电路各部分之间的信号必须有着严格的时序关系。

1.1.2.2 数字电路分类

（1）按电路组成结构分类

数字电路按其电路的组成结构分类，可分为分立元件电路和集成电路两类。分立元件电路由二极管、三极管、电阻、电容等元件组成。集成电路则通过半导体制造工艺将这些元件集成在一片芯片上。随着集成电路技术的不断发展，具有体积小、重量轻、功耗小、价格低、可靠性高等特点的集成电路会逐步代替体积大、可靠性不高的分立电路。集成电路按集成度（在一块硅片上包含的逻辑门电路或组件的数量）分为小规模

（SSI）、中规模（MSI）、大规模（LSI）、超大规模（VLSI）和极大规模（ULSI）集成电路。如表1.1.1所示。

表1.1.1　数字集成电路的分类

分类	逻辑门数量	典型集成电路类型
小规模	最多12个	逻辑门、触发器
中规模	12 ~ 99	计数器、加法器
大规模	100 ~ 9999	小型存贮器、门阵列
超大规模	10000 ~ 99999	大型存贮器、微处理器
极大规模	10^6	可编程逻辑器件、多功能专用集成电路

（2）按逻辑功能分类

数字电路按逻辑功能分类，可分为组合逻辑电路和时序逻辑电路。如果一个逻辑电路在任何时刻的输出状态只取决于当时的输入状态，与电路原来的状态无关，则该电路称为组合逻辑电路。如果在任一时刻，电路的输出状态不仅取决于当时的输入状态，还与电路前一时刻的状态有关，则该电路称为时序逻辑电路。

（3）按所用器件分类

数字电路按电路所用器件分类，可以分为双极型和单极型电路。双极型电路即TTL型，是晶体管逻辑门电路的简称，主要由双极型三极管组成。TTL集成电路生产工艺成熟，产品参数稳定，工作可靠，开关速度高，因此应用广泛。单极型电路即MOS型，是金属氧化物半导体场效应管门电路的简称，主要由场效应管组成，优点是低功耗，抗干扰能力强。

1.2　数制和码制

1.2.1　数制

在实际应用中，不同的数码既可以表示不同数量的大小，也可以表示不同的事物或同一事物的不同状态。

用数码表示数量的大小时，仅仅用一位数往往不够用，因而常常采用多位数。多位数码中每一位的构成和从低位向高位的进位规则称为数制或进位计数制。在数字电路中应用最多的是十进制、二进制、八进制和十六进制。

（1）十进制

在十进制中，每一位数有0到9十个状态，计数的基数是1。大于9的数就需要用两位以上的多位数表示。在多位数中，低位和相邻高位间的进位关系是"逢十进一"，所以称为十进制。

在多位数中，不同位置上的1代表的数量大小称为这一位的"权"。整数部分从低位到高位每位的权依次为10^0，10^1，10^2，…。小数部分从高位到低位每位的权依次为10^{-1}，10^{-2}，10^{-3}，…。故，一个多位数的数值等于每一位数乘以它的权重，然后相加。

任意的十进制数可以表示为

$$（S）_{10} = k_n10^{n-1} + k_{n-1}10^{n-2} + \cdots + k_110^0 + k_010^{-1} + k_{-1}10^{-2} + \cdots + k_{-m}10^{-m-1} \qquad （1.2.1）$$

式中，k_i是第i位的系数，它可以为0到9中任意一个，m和n是正整数；k_i，m，n均由$（S）_{10}$决定，$（S）$的下标与式中的10是十进制的基数。由于基数为10，每个数位计满10就向高位进位，即逢十进一，所以称它为十进制计数制。

【例1.2.1】将457.25写成权表示的形式。

解：$457.25 = 4 \times 10^2 + 5 \times 10^1 + 7 \times 10^0 + 2 \times 10^{-1} + 5 \times 10^{-2}$

（2）二进制

在数字系统中，为了便于功能实现，广泛采用二进制计数制。这是因为二进制表示的数，每一位只取数码0或1，因而可以用具有两个不同状态的电子元件来表示，并且数据的存储和传送也可用简单而可靠的方式进行。二进制的基数是2，其计数规律是逢二进一。

任意一个二进制数可以表示为

$$（S）_2 = k_n2^{n-1} + k_{n-1}2^{n-2} + \cdots + k_12^0 + k_02^{-1} + \cdots + k_{-m}2^{-m-1} \qquad （1.2.2）$$

式中，k_i只能取0或1，它由$（S）_2$决定；m，n为正整数。

【例1.2.2】将（1011.01）$_2$写成权表示的形式。

解：$（1011.01）_2 = 1 \times 2^3 + 0 \times 2^2 + 1 \times 2^1 + 1 \times 2^0 + 0 \times 2^{-1} + 1 \times 2^{-2}$

（3）八进制和十六进制

采用二进制计数制，对于计算机等数字系统来说，运算、存储和传输极为方便，然而二进制数书写起来很不方便。为此，程序开发人员经常采用八进制数和十六进制计数制来进书写或打印。任意一个八进制数可以表示为

$$（S）_8 = k_n8^{n-1} + k_{n-1}8^{n-2} + \cdots + k_18^0 + k_08^{-1} + \cdots + k_{-m}8^{-m-1} \qquad （1.2.3）$$

式中，k_i可取0，1，2，…，7八个数之一，它由$（S）_8$决定；m和n为正整数。八进制数的计数规律为逢八进一。

【例1.2.3】将八进制数（70.842）$_8$写成权表示的形式。

解：$（70.842）_8 = 7 \times 8^1 + 0 \times 8^0 + 8 \times 8^{-1} + 4 \times 8^{-2} + 2 \times 8^{-3}$

【例1.2.4】将十六进制数（8BE6）$_{16}$写成权表示的形式。

解：$(8BE6)_{16} = 8 \times 18^3 + B \times 16^2 + E \times 16^1 + 6 \times 16^0$

1.2.2　不同数制间的转换

由一种数制转换成另一种数制称为数制间的转换。因为日常生活中经常使用的是十进制数，而在计算机中采用的是二进制数。所以，在使用计算机时就必须把输入的十进制数换算成计算机所能够接受的二进制数。计算机在运行结束后，再把二进制数换算成人们所习惯的十进制数输出。这两个换算过程完全由计算机自动完成。

（1）其他进制转换为十进制

方法：将其他进制按权位展开，然后各项相加，就得到相应的十进制数。

【例1.2.5】求N的十进制数。其中N=（10110.101）$_2$。

解：按权展开：

$$N = 1 \times 2^4 + 0 \times 2^3 + 1 \times 2^2 + 1 \times 2^1 + 0 \times 2^0 + 1 \times 2^{-1} + 0 \times 2^{-2} + 1 \times 2^{-3}$$
$$= 16 + 4 + 2 + 0.5 + 0.125 = (22.625)_{10}$$

（2）十进制转换为其他进制

十进制的整数部分与小数部分分别转换。

整数部分采用"除基取余法"：整数部分逐次除以基数，依次记下余数，直至商为0。读数方向为从下到上。

小数部分采用"乘基取整法"即小数部分连续乘以基数，依次取整数，直至小数部分为0，或达到要求的精度。读数方向为从上到下。

【例1.2.6】将十进制数37.125转换成二进制数、八进制数，小数点后保留三位。

解：$(37.125)_{10} = (37)_{10} + (0.125)_{10}$

十进制数37.125 转换成二进制数。

整数部分计算得出：

即（37）$_{10}$=（100101）$_2$

小数部分计算得出：

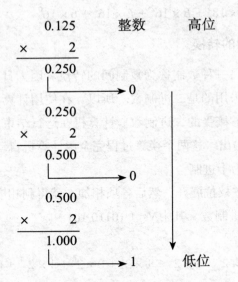

即（0.125）$_{10}$=（0.001）$_2$

所以，（37.125）$_{10}$=（100101.001）$_2$

（3）二－十六转换

将二进制数转换为等值的十六进制数称为二－十六转换。

由于4位二进制数恰好有16个状态，而把这4位二进制数看作一个整体时，它的进位输出又正好是逢十六进一，所以只要从低位到高位将整数部分每4位二进制数分为一组并代之以等值的十六进制数，同时从高位到低位将小数部分的每4位数分为一组并代之以等值的十六进制数，即可得到对应的十六进制数。

【例1.2.6】将（01011110.10110010）$_2$化为十六进制数。

解：　　（0101　　1110.　　1011　　0010）$_2$

$\qquad\qquad\downarrow\qquad\quad\downarrow\qquad\quad\downarrow\qquad\quad\downarrow$

　　=（　5　　　E.　　B　　2）$_{16}$

即，（01011110.10110010）$_2$=（5E.B2）$_{16}$

（4）十六－二转换

十六－二转换时指将十六进制数转换为等值的二进制数。转换时只需将十六进制数的每一位用等值的4位二进制数代替。

【例1.2.7】将（8FA.C6）$_{16}$化为二进制数

解：　　（8　　F　　A.　　C　　6）$_{16}$

$\qquad\quad\downarrow\quad\ \ \downarrow\quad\ \ \downarrow\qquad\downarrow\quad\ \ \downarrow$

　　=（1000　1111　1010.　1100　0110）$_2$

即，（8FA.C6）$_{16}$=（100011111010.11000110）$_2$

（5）八进制数与二进制数的转换

在将二进制数转换为八进制数时，只要将二进制数的整数部分从低位到高位每3位分为一组并代之以等值的八进制数，同时将小数部分从高位到低位每3位分为一组并代之以等值的八进制数。

【例1.2.8】将（011110.010111）$_2$化为八进制数

解：　　　（001　　110.　　010　　111）$_2$
　　　　　　　↓　　　↓　　　↓　　　↓
　　　　=（3　　　6.　　　2　　　7）$_8$

即，（011110.010111）$_2$=（36.27）$_8$

反之，若将八进制数转换为二进制数，则只要将八进制数的每一位代之以等值的二进制数即可。

1.2.3　二进制代码

计算机既可以处理数字信息，也可以处理文字信息和图形、声音、图像等信息。然而，由于计算机中是采用二进制进行运算和存储的，所以这些信息在计算机内部必须以二进制编码的形式表示。这种用二进制数来表示非二进制的数字、文字或字符等的编码方法和规则称为码制，如BCD码（二十进制代码）、ASCII码、汉字内部码等。也就是说，一切输入到计算机中的数据都是由0和1两个数字进行组合编码的。

（1）机器数

一个数在计算机中的二进制表示形式，叫作这个数的机器数。机器数是带符号的，在计算机中用一个数的最高位存放符号，正数为0，负数为1。

比如，十进制中的数+6，计算机字长为8位，转换成二进制就是00000110。如果是-6，就是10000110。

那么，这里的00000110和10000110就是机器数。

（2）真值

因为第一位是符号位，所以机器数的形式值就不等于真正的数值。例如上面的有符号数10000110，其最高位1代表负，其真正数值是-6而不是形式值1（10000110转换成十进制等于134）。所以，为区别起见，将带符号位的机器数对应的真正数值称为机器数的真值。

例：0000 0001的真值=+000 0001=+1，1000 0001的真值=-000 0001=-1

1.3 二进制数的算术运算

当两个数码表示数量大小时，它们之间可以进行数量上的加、减、乘、除等算术运算。而当两个数表示不同事物或事物的不同状态时，它们之间还可以进行逻辑推理，即所谓逻辑运算。下一章将会专门讨论逻辑运算。

1.3.1 两数绝对值之间的运算

由于数字电路中普遍使用二进制运算，所以在这一节里只讨论二进制数的运算。为简化书写，在每个二进制数的后面就不再加注表示二进制数的下脚注了。

因为二进制数的每一位只有0和1两个数，低位向高位的进位关系是"逢二进一"，所以加法运算中每一位的运算规则为

$$0 + 0 = 0$$
$$0 + 1 = 1$$
$$1 + 0 = 1$$
$$1 + 1 = 0（同时给出进位，在高位加1）$$

例如，计算1001 + 0101 得到：

$$
\begin{array}{r}
1001 \\
+\quad 0101 \\
\hline
1110
\end{array}
\qquad
\begin{array}{r}
9 \\
+\quad 5 \\
\hline
4
\end{array}
$$

减法运算中每一位的运算规则为

$$1 - 0 = 1$$
$$1 - 1 = 0$$
$$0 - 0 = 0$$
$$0 - 1 = 1（同时给出借位，在高位减一）$$

例如，计算 1001 – 0101 得到：

$$
\begin{array}{r}
1001 \\
-\quad 0101 \\
\hline
100
\end{array}
\qquad
\begin{array}{r}
9 \\
-\quad 5 \\
\hline
4
\end{array}
$$

乘法运算中每一位的运算规则为

$$0 \times 0 = 0$$
$$0 \times 1 = 0$$
$$1 \times 0 = 0$$
$$1 \times 1 = 1$$

当乘数为多位数时，将从低位起每一位乘数与被乘数相乘得到的部分积依次左移一位相加，即得到最后的结果。例如计算 1001 × 0101 得到：

```
      1001              9
   ×  0101           ×  5
      1001             45
     0000
    1001
   0000
   0101101
```

在二进制除法运算中，商的每一位也只有0和1两个可能的数值，所以除法运算的规则是：从被除数的高位开始减去除数，够减时商为1，不够减时商为0。从高位向低位继续做下去，就可以得到所求的商。例如计算 1110 ÷ 0010 得到：

```
        111                7
   10 ) 1110          2 ) 14
        10                14
        11                 0
        10
        10
        10
         0
```

1.3.2 原码、反码、补码

（1）原码

正数的符号位用0表示，负数的符号位用1表示，数值部分用二进制形式表示，称为该数的原码。

比如：$X=+82$，则 $(X)_原=01010010$；$Y=-82$，则 $(Y)_原=11010010$。

虽然用原码表示一个数简单、直观、方便，但不能用它对两个同号数相减或两个异号数相加。

比如：将十进制数"+36"与"-45"的原码直接相加：

$$X=+36，(X)_原=00100100$$
$$Y=-45，(Y)_原=10101101$$

而将 $(00100100)_2$ 即 $(+36)_{10}$ 与 $(10101101)_2$ 即 $(-45)_{10}$ 相加得到 $(11010001)_2$ 即 $(-81)_{10}$，这显然是不对的。

（2）反码

正数的反码和原码相同，负数的反码是对该数的原码除符号位外各位取反，即"0"变"1"，"1"变"0"。

例如：$X=+81$，$Y=-81$。

$(X)_原=01010001$，$(X)_反=01010001$

$(Y)_原=11010001$，$(Y)_反=10101110$

（3）补码

在做减法运算时，如果两个数是用原码表示的，直接运算显然是有问题的，那么如何才能解决这个问题呢？可以这样首先比较两数绝对值的大小，然后以绝对值大的一个作为被减数、绝对值小的一个作为减数，求出差值，并以绝对值大的一个数的符号作为差值的符号。不难看出，这个操作过程比较麻烦，而且需要使用数值比较电路和减法运算电路。如果能用两数的补码相加代替上述的减法运算，那样运算器的电路结构就可以大为简化。

为了说明补码运算的原理，同学们可以联想到生活中用到的钟表，如果将钟表想象成是一个1位的12进制数。如果当前时间是6点，希望将时间设置成4点，需要怎么做呢？

① 往回拨2个小时：6-2=4

② 往前拨10个小时：（6+10）mod 12=4

③ 往前拨10+12=22个小时：（6+22）mod 12=4

②，③方法中的mod是指取模操作，16 mod 12=4 即用16除以12后的余数是4，即超出12以后的"进位"将自动消失。所以钟表往回拨（减法）的结果可以用往前拨（加法）替代。不难发现一个规律：

回拨2小时=前拨10小时

回拨4小时=前拨8小时

回拨5小时=前拨7小时

因为2和10相加正好等于模数12，所以称10是-2对模12的补数，也称为补码。接下来回到二进制数的运算中比如：1010-0110=0100（10-6=4）的减法运算，在舍弃进位的条件下，可以用1010+1010=0100（10+10-16=4）的加法运算代替。因为4位二进制数的进位基数是16（10000），所以1010（10）恰好是0110（6）对模16的补码。因此正数的补码与原码相同，负数的补码是对该数的原码除符号外各位取反，然后加1，即反码加1。

比如：$X=+83$，$(X)_原=(X)_反=(X)_补=01010011$

$Y=-83$，$(Y)_原=11010011$，$(Y)_反=10101100$，$(Y)_补=10101101$

本章小结

数字信号在时间上和数值上均是离散的，由于数字电路是以二值数字逻辑为基础的，即利用数字1和0来表示信息。对数字信号进行传送、加工和处理的电路称为数字电路。

数字电路中用高电平和低电平分别来表示逻辑1和逻辑0，它和二进制数中的1和0相对应。在数字系统中常用二进制数来表示数据，当二进制位数较多时，常用十六进制或八进制来表示。

数制是用一组固定的符号和统一的规则来表示数值的方法。常用的数制有十进制、二进制、八进制和十六进制，为了方便理解数字电路的工作过程，需要掌握各种进制间的互相转换方法。

二进制数的正、负是用附加在有效数字前面的符号位表示的。通常用0表示正数，用1表示负数。这种数码称为原码。

在数字电路中，两数的减法运算时采用两数的补码相加来完成的。正数的补码与原码相同，负数的补码等于它的反码加1。而负数的反码是将原码的每一位求反得到的（符号位保持不变）。

两数的补码相加得到的代数和也是补码形式。和的符号位由两数的符号位及来自数值部分的进位相加得到。为了得到正确的计算结果，补码所取的位数必须足够表示每个加数以及和的绝对值。

思考题

（1）与模拟电子电路相比，数字电路的优点有哪些？

（2）数字信号与模拟信号有什么不同？

（3）简述出十进制与二进制的互相转换方法。

练习题

［题1.1］将下列二进制数转换为十进制数。

（1）10101　　　　（2）01101　　　　（3）10010111　　　　（4）1101101

［题1.2］将下列二进制小数转换为等值的十进制。

（1）0.0111　　　　（2）0.1001　　　　（3）0.101101　　　　（4）0.001111

［题1.3］写出下列八进制数的按权展开式。

（1）$(247)_8$　　　　（2）$(0.651)_8$　　　　（3）$(465.43)_8$

［题1.4］将下列十六进制数转换为十进制数。

（1）$(6BD)_{16}$　　　　（2）$(0.7A)_{16}$　　　　（3）$(8E.D)_{16}$　　　　（4）$(10.00)_{16}$

[题1.5] 将下列十进制数转换为二进制数，小数部分精确到小数点后第四位。

（1）$(47)_{10}$ （2）$(0.786)_{10}$ （3）$(53.634)_{10}$

[题1.6] 将下列二进制数转换为八进制数和十六进制数。

（1）$(10111101)_2$ （2）$(0.11011)_2$

（3）$(1101011.1101)_2$ （4）$(101100.110011)_2$

[题1.7] 写出下列数的真值、原码、反码和补码（用八位二值数码表示）。

（1）+27   （2）−27   （3）+56   （4）−56   （5）+32   （6）−32

[题1.8] 写出下列有符号二进制补码所表示的十进制数。

（1）00101101   （2）11101001   （3）01011101   （4）11011101

[题1.9] 计算下列用补码表示的二进制数的代数和。如果和为负数，请求出负数的绝对值。

（1）00011101+01001100   （2）00100110+01001101

（3）00011110+10011100   （4）10000011+00110010

（5）11011011+11100111   （6）01001011+11011101

（7）10011101+01100110   （8）10001000+11111001

[题1.10] 用二进制补码运算计算下列各式。（提示：所用补码的有效位数应足够表示代数和的最大绝对值）

（1）6+14   （2）7+12   （3）12−7   （4）23−11

（5）8−12   （6）20−25   （7）−12−5   （8）−16−14

2 逻辑代数基础

在研究自然界各种物理量的关系变化时，可以建立起符合某种逻辑关系的逻辑函数式，各种数字电路都是逻辑电路，或逻辑电路的多种形式的组合。逻辑电路的建立、组合的定理和方式都遵循逻辑运算规则。

逻辑函数运算不同于一般的"代数"运算，它有着特殊的运算规则，包括数字运算规则和逻辑运算的有关公式与法则，这些对学习和应用数字电子技术是十分重要的基础知识。

逻辑函数有多种表示方法，这就是真值表、逻辑函数式、逻辑图、卡诺图，本章将首先讨论逻辑函数的这些表示方法，然后讨论逻辑代数的运算法则及逻辑函数式的化简方法。

2.1 概　述

在上一章中已经讲过，不同的数码不仅可以表示数量的不同大小，而且还能用来表示不同的事物。事物的发展变化通常都是有一定因果关系的。例如，电灯的亮、灭决定于电源是否接通，如果接通了，电灯就会亮，否则就灭。电源接通与否是因，电灯亮不亮是果。这种因果关系，一般称为逻辑关系，反映和处理这种关系的数学工具，就是逻辑代数。

逻辑代数是英国数学家George Boole在19世纪中叶创立的，所以也叫作布尔代数。直到20世纪30年代，美国学者Claude E. Shannon尝试将其应用在开关电路中，并且很快就成为分析和综合开关电路的重要数学工具，因此又常常称之为开关代数。

和普通代数相比，逻辑代数中表示变量的情况要简单得多。例如，用1和0分别表示一件事的是与非，电压的高与低，一个开关的开通与关断，一盏电灯的亮与灭，等等。这种逻辑代数的二值逻辑中，变量取值不是1就是0，并且这里的0和1并不表示数值的大小，它们所代表的只是两种不同的逻辑状态。在逻辑代数中，有些公式和定理与普通代数并无区别，有些则完全不同。

2.2 逻辑代数中的常用运算

使用一位二进制数的1、0可以表示"对错""有无"等；不同的数字可以表示不同的事物或者事物的不同状态，即称为逻辑状态。

2.2.1 基本逻辑运算

在逻辑代数中使用字母来表示逻辑变量。但有别于普通代数运算中的运算规则，本书所讨论的二值逻辑电路中，逻辑变量的取值只有0和1两种可能。

逻辑代数的基本运算有与、或、非三种。图2.2.1为三个开关电路，把开关接通作为条件，把灯点亮作为结果，则三个电路代表了三种不同的因果关系，或者叫逻辑关系。

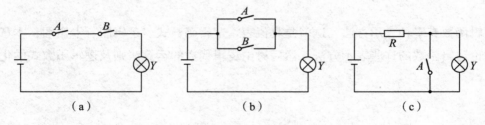

（a） （b） （c）

图2.2.1 开关电路

图2.2.1（a）为简易与逻辑电路，当开关有一个断开时，灯泡处于灭的状态，仅当两个开关同时合上时，灯泡才会亮；与逻辑可以简单的记忆为"有0则0"。

图2.2.1（b）为简易或逻辑电路，当两只开关都处于断开时，其灯泡不会亮；当A，B两个开关中有一个或两个一起合上时，其灯泡就会亮；或逻辑可以简单的记忆为"有1则1"。

图2.21（c）为简易非逻辑电路，当开关A断开时，灯泡Y亮起，反之灯泡熄灭。非逻辑可以简单的记忆为"若1为0，若0为1"。

若用A、B两个逻辑变量表示开关的状态，并用1表示开关接通，0表示开关断开；用Y表示灯的状态，并规定1表示灯亮，0表示灯灭。即可列出用0、1表示与、或、非逻辑运算的图表，如表2.2.1、表2.2.2和表2.2.3所示。这种用0、1表示逻辑关系的图表叫作逻辑真值表，或简称真值表。

在逻辑代数中，与的运算符号用"·"表示，或的运算符号用"+"表示，非的运算符号（~A）作为非运算符号。当A和B作与运算得到Y时，可写作：

$$Y=A \cdot B \tag{2.2.1}$$

也可以简化写为Y=AB。

表2.2.1　与逻辑运算真值表

A	B	Y
0	0	0
0	1	0
1	0	0
1	1	1

表2.2.2　或逻辑运算真值表

A	B	Y
0	0	0
0	1	1
1	0	1
1	1	1

表2.2.3　非逻辑运算真值表

A	Y
0	1
1	0

当A和B作或运算得到Y时，可写作：

$$Y=A+B \tag{2.2.2}$$

当A作非运算得到Y时，可写作：

$$Y=A' \tag{2.2.3}$$

同时，将实现与逻辑运算的单元电路称为与门，将实现或逻辑运算的单元电路称为或门，将实现非逻辑运算的单元电路称为非门（也称为反相器）。

与、或、非逻辑运算可以用图形符号表示。IEEE（电气与电子工程师协会）IEC（国际电工协会）认定了两套与、或、非的图形符号，如图2.2.2所示。

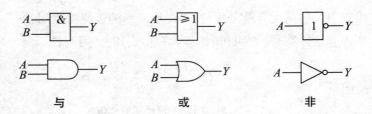

图2.2.2　与、或、非的图形符号

2.2.2 复合逻辑运算

在实际逻辑运算中，除了与、或、非三种基本运算外，还经常使用一些其他的逻辑运算，例如与非、或非、异或、同或等。

与非运算是由与运算和非运算组合在一起的。逻辑符号和真值表分别如图2.2.3和表2.2.4所示。逻辑表达式可写成：

$$Y=(AB)'　　　　　　　　　　　　（2.2.4）$$

表2.2.4　与非逻辑真值表

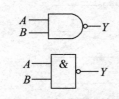

图2.2.3　与非图形符号

A	B	Y
0	0	1
0	1	1
1	0	1
1	1	0

或非运算是由或运算和非运算组合在一起的。逻辑符号和真值表分别如图2.2.4和表2.2.5所示。逻辑表达式可写成：

$$Y=(A+B)'　　　　　　　　　　　　（2.2.5）$$

表2.2.5　或非逻辑真值表

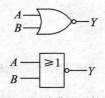

图2.2.4　或非图形符号

A	B	Y
0	0	1
0	1	0
1	0	0
1	1	0

异或的逻辑关系是：当两个输入信号相同时，输出为0；当两个输入信号不同时，输出为1。逻辑符号和真值表分别如图2.2.5和表2.2.6所示。逻辑表达式可写成：

$$Y=A'B+B'A=A\oplus B　　　　　　　　　　　　（2.2.6）$$

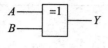

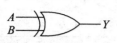

图2.2.5 异或图形符号

表2.2.6 异或逻辑真值表

A	B	Y
0	0	0
0	1	1
1	0	1
1	1	0

同或的逻辑关系是：当两个输入信号相同时，输出为1；当两个输入信号不同时，输出为0。逻辑符号和真值表分别如图2.2.6和表2.2.7所示。逻辑表达式可写成：

$$Y=AB+A'B'=A\odot B \qquad\qquad (2.2.7)$$

表2.2.7 同或逻辑真值表

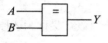

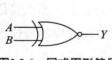

图2.2.6 同或图形符号

A	B	Y
0	0	1
0	1	0
1	0	0
1	1	1

2.3 逻辑代数中的基本定律和常用公式

2.3.1 逻辑代数中的基本定律

如表2.3.1所示给出了逻辑代数的基本公式。这些公式也称为布尔恒等式。

表2.3.1 逻辑代数的基本公式

序号	公式	序号	公式
1	$0\cdot A=0$	10	$1'=0$；$0'=1$
2	$1\cdot A=A$	11	$1+A=1$
3	$AA=A$	12	$0+A=A$
4	$AA'=0$	13	$A+A=A$
5	$AB=BA$	14	$A+A'=1$
6	$A(BC)=(AB)C$	15	$A+B=B+A$

续表

序号	公式	序号	公式
7	$A(B+C)=AB+AC$	16	$A+(B+C)=(A+B)+C$
8	$(AB)'=A'+B'$	17	$A+BC=(A+B)(A+C)$
9	$(A')'=A$	18	$(A+B)'=A'B'$

式（1）、（2）、（11）和（12）给出了变量与常量间的运算规则。

式（3）和（13）是同一变量的运算规律，也称为重叠律。

式（4）和（14）表示变量与它的反变量之间的运算规律，也称为互补律。

式（5）和（15）为交换律，式（6）和（16）为结合律，式（7）和式（17）为分配律。

式（8）和（18）是著名的德·摩根（De.Morgan）定理，亦称反演律。在逻辑函数的化简和变换中经常要用到这一对公式。

式（9）表明，一个变量经过两次求反运算之后还原为其本身，所以该式又称为还原律。

式（10）是对0和1求反运算的规则，它说明0和1互为求反结果。

这些公式的正确性可以用列真值表的方法加以验证。如果等式成立，那么将任何一组变量的取值代入公式两边所得的结果应该相等。因此，等式两边所对应的真值表也必然相同。

【例2.3.1】用真值表证明$A+BC=(A+B)(A+C)$的正确性

解：已知式子为

$$A+BC=(A+B)(A+C)$$

将A、B、C所有可能的取值组合逐一代入上式的两边，算出相应的结果，即得到表2.3.2所示的真值表。可见，等式两边对应的真值表相同，故等式成立。

表2.3.2　$A+BC=(A+B)(A+C)$的真值表

ABC	BC	A+BC	A+B	A+C	(A+B)(A+C)
000	0	0	0	0	0
001	0	0	0	1	0
010	0	0	1	0	0
011	1	1	1	1	1
100	0	1	1	1	1
101	0	1	1	1	1
110	0	1	1	1	1
111	1	1	1	1	1

2.3.2 逻辑代数中的常用公式

为了方便化简逻辑函数的工作，运用基本公式导出了几个常用的公式，如表2.3.3所示。现在将表2.3.3中的各式证明如下。

式（21） $A+AB=A$

证明：$A+AB=A（1+B）=A \cdot 1=A$

上式说明，在两个乘积项相加时，若其中一项以另一项为因子，则该项是多余的，可以删去。

表2.3.3 若干常用公式

序　号	公　式
21	$A+AB=A$
22	$A+A'B=A+B$
23	$AB+AB'=A$
24	$A（A+B）=A$
25	$AB+A'C+BC=AB+A'C$ $AB+A'C+BCD=AB+A'C$
26	$A（AB）'=AB'$；$A'（AB）'=A'$

式（22） $A+A'B=A+B$

证明：$A+A'B=（A+A'）（A+B）=1（A+B）=A+B$

上式说明，两个乘积项相加时，如果一项取反后是另一项的因子，则此因子是多余的，可以消去。

式（23） $AB+AB'=A$

证明：$AB+AB'=A（B+B'）=A \cdot 1=A$

上式说明，当两个乘积项相加时，若它们分别包含B和B'两个因子而其他因子相同，则两项定能合并，且可以将B和B'两个因子消去。

式（24） $A（A+B）=A$

证明：$A（A+B）=AA+AB=A+AB=A（1+B）=A \cdot 1=A$

上式说明，变量A和包含A的和相乘时，其结果等于A，即可以将和消掉。

式（25） $AB+A'C+BC=AB+A'C$

证明：$AB+A'C+BC=AB+A'C+BC（A+A'）$

$\qquad =AB+A'C+ABC+A'BC$

$\qquad =AB（1+C）+A'C（1+B）$

$\qquad =AB+A'C$

上式说明，当A和一个乘积项的非相乘，且A为乘积项的因子时，则A这个因子可以消去。

式（26）　$A(AB)'=AB'$

证明：$A'(AB)'=A'(A'+B')=A'A'+A'B'=A'(1+B')=A'$

上式说明，当A'和一个乘积项的非相乘，且A为乘积项的因子时，其结果就等于A'。

从以上的证明可以看到，这些公式都是从基本公式导出的结果。当然，还可以推导出更多的常用公式。

2.3.3　逻辑代数中的三个基本准则

（1）对偶规则

若两逻辑式相等，则它们的对偶式也相等，这就是对偶定理。

所谓的对偶式是，对于任何一个逻辑式Y，若将其中的"·"换成"+"，"+"换成"·"，0换成1，1换成0，则得到一个新的逻辑式Y^D，这个Y^D就是称为Y的对偶式，或者说Y和Y^D互为对偶式。

例如，若$Y=A(B+C)$，则$Y^D=A+BC$

若$Y=(AB+CD)'$，则$Y^D=((A+B)(C+D))'$

若$Y=AB+(C+D)'$，则$Y^D=(A+B)(CD)'$

为了证明两个逻辑式相等，也可以通过证明它们的对偶式相等来完成，因为有些情况下证明对偶式相等更加容易。

【例2.3.2】证明式子：$A+BC=(A+B)(A+C)$

解：首先写出等式两边的对偶式，得到：

$$A(B+C)和AB+AC$$

根据乘法分配律可知，这两个对偶式是相等的，亦即$A(B+C)=AB+AC$。

由对偶定理即可确定原来的两式也一定相等，于是式子得到证明。

（2）反演定理

对于任意一个逻辑式Y，若将其中所有的"·"换成"+"，"+"换成"·"，0换成1，1换成0，原变量换成反变量，反变量换成原变量，则得到的结果就是Y'。这一规律称为反演定理。

反演定理为求取已知逻辑式的反逻辑式提供了方便。在使用反演定理时需要注意遵守以下两个规则：

① 仍需遵守"先括号、然后乘、最后加"的运算优先次序。

② 不属于单个变量上的反号应保留不变。

【例2.3.3】 若$Y=((AB'+C)'+D)'+C$，求Y'。

解：依据反演定理可直接写出：

$$Y'=(((A'+B)C')'D')'C'$$

【例2.3.4】已知$Y=A(B+C)+CD$，求Y'。

解：根据反演定理可写出：

$$Y'=(A'+B'C')(C'+D')$$
$$=A'C'+B'C'+A'D'+B'C'D'$$
$$=A'C'+B'C'+A'D'$$

（3）代入定理

在任何一个包含变量A的逻辑等式中，若以另外一个逻辑式代入式中所有A的位置，则等式仍然成立。这就是所谓的代入定理。

因为变量A仅有0和1两种可能的状态，所以无论将$A=0$还是$A=1$代入逻辑等式，等式都一定成立。而任何一个逻辑式的取值也不外乎0和1两种，所以用它取代式中的A时，等式自然也成立。因此，可以将代入定理看作无须证明的公理。

【例2.3.5】用代入定理证明$(A+B)'=A'B'$及$(AB)'=A'+B'$（即德·摩根律）。

解：已知$(A+B)'=A'B'$及$(AB)'=A'+B'$

以$(B+C)$代入左边等式中B的位置，同时以(BC)代入右边的等式中B的位置，于是得到：

$$(A+(B+C))'=A'(B+C)'=A'B'C'$$
$$(A(BC))'=A'+(BC)'=A'+B'+C'$$

对一个乘积项或逻辑式求反时，应在乘积项或逻辑式外边加括号，然后对括号内的整个内容求反。此外，在对复杂的逻辑式进行运算时，仍需遵守与普通代数一样的运算优先顺序，即先算括号里的内容，其次算乘法，最后算加法。

2.4 逻辑函数及其表示方法

2.4.1 逻辑函数的建立

从逻辑代数中可以知道，逻辑变量分两种：输入逻辑变量和输出逻辑变量。描述输入逻辑变量和输出逻辑变量之间的因果关系称为逻辑函数。任何一件具体的因果关系都可以用一个逻辑函数描述。可写作：

$$Y=F(A,B,C,\cdots)$$

例如，图2.4.1为一个开关电路，A为主开关，B、C为副开关，此时灯Y的亮灭和开关A、B、C的合上与断开构成函数关系，若以1表示开关闭合，0表示开关断开；1表示灯亮，0表示灯灭，则指示灯Y是开关A、B、C的二值逻辑函数，即

$$Y=F（A，B，C，）$$

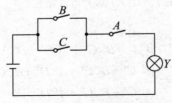

图2.4.1　开关电路

常用的逻辑函数的表示方法主要有真值表、逻辑表达式（简称逻辑式或函数式）、逻辑图、波形图和卡诺图等。本节只介绍前四种方法，卡诺图将在后续内容中介绍。

（1）逻辑真值表

输入变量所有的取值对应的输出值找出来，列出表格，即可得到真值表。

以图2.4.1的开关电路为例，根据其工作原理可知只有A为1，同时B、C中至少有一个为1的情况时Y的结果为1，于是可得到图2.4.1所示电路的真值表，见表2.4.1。

表2.4.1　图2.4.1所示电路真值表

输	入		输出 Y
A	B	C	
0	0	0	0
0	0	1	0
0	1	0	0
0	1	1	0
1	0	0	0
1	0	1	1
1	1	0	1
1	1	1	1

（2）逻辑函数式

逻辑表达式是用各逻辑变量相互间与、或、非逻辑运算组合表示的逻辑函数。在图2.4.1电路所示中，根据对电路功能的要求和与、或、非的逻辑定义，"B和C中至少有一个合上"可以表示为（$B+C$），"同时还要求合上A"，则应写作$A \cdot （B+C）$。应此逻辑函数式为

$$Y=A（B+C）\tag{2.4.1}$$

（3）逻辑图

逻辑图是用规定的逻辑电路符号连接组成的电路图。为了画出图2.4.1中的逻辑电路功能图，可用逻辑电路符号代替式（2.4.1）中的代数运算符号，如图2.4.2所示。

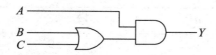

图2.4.2 表达式2.4.1逻辑功能的逻辑图

（4）波形图

波形图是逻辑函数输入变量每一种可能出现的取值与对应的输出值按时间顺序依次排列的图形，也称为时序图。在逻辑分析仪和一些计算机仿真工作中，经常以这种波形图的形式给出分析结果。此外。也可以通过实验观察这些波形图，用以检验实际逻辑电路功能是否正确。若要表示式2.4.1的逻辑函数，只需将表2.4.1给出的输入变量与对应的输出变量取值依时间顺序排列起来，就可以得到所要的波形图，如图2.4.3所示。

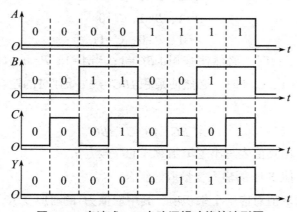

图2.4.3 表达式2.4.1电路逻辑功能的波形图

（5）各种表示方法间的相互转换

真值表、逻辑表达式、逻辑图、波形图、卡诺图具有对应关系，可相互转换。对同一逻辑函数，真值表、波形图和卡诺图具有唯一性；逻辑表达式和逻辑电路图可有多种不同的表达形式。

① 真值表与逻辑函数式的相互转换。

为了便于理解转换原理，以一个具体的例子来说明。

【例2.4.1】已知一个奇偶判别函数的真值表如表2.4.2所示，试写出它的逻辑函数式。

表2.4.2　例2.4.1的函数真值表

A	B	C	Y
0	0	0	0
0	0	1	0
0	1	0	0
0	1	1	$1\cdots\cdots\rightarrow A'\,BC$
1	0	0	0
1	0	1	$1\cdots\cdots\rightarrow AB'\,C$
1	1	0	$1\cdots\cdots\rightarrow ABC'$
1	1	1	0

解：由真值表可见，只有当A、B、C三个输入变量中有两个同时为1时，Y才为1.因此，在输入变量取值为以下三种情况时，Y将等于1：

$$A=0、B=1、C=1$$
$$A=1、B=1、C=0$$
$$A=1、B=0、C=1$$

当$A=0$、$B=1$、$C=1$时，必然使乘积$A'BC=1$；当$A=1$、$B=0$、$C=1$时，必然使乘积$AB'C=1$；当$A=1$、$B=1$、$C=0$时，必然使乘积$ABC'=1$；因此Y的逻辑函数应当等于这三个乘积项之和，即

$$Y=A'\,BC+AB'\,C+ABC'$$

通过例2.4.1可知由真值表写出逻辑函数式的一般方法

a. 找出真值表中使 Y=1 的输入变量取值组合。

b. 每组输入变量取值对应一个乘积项，其中取值为1的写原变量，反之反变量。

c. 将这些变量相加即得 Y。

由逻辑函数式转换成真值表只需把输入变量取值的所有组合逐个代入逻辑式中求出Y，列表即可得到真值表。

【例2.4.2】已知逻辑函数$Y=A+B'\,C+A'\,BC'$，求它对应的真值表。

解：将A、B、C的各种取值逐一代入Y式中计算，将计算结果列表，即得表2.4.3所示的真值表，为避免差错，可将$B'\,C$、$A'\,BC'$两项算出，然后将A、$B'\,C$、$A'\,BC'$相加求出Y的值。

表2.4.3 例2.4.2的函数真值表

A	B	C	$B'\ C$	$A'\ BC'$	Y
0	0	0	0	0	0
0	0	1	1	0	1
0	1	0	0	1	1
0	1	1	0	0	0
1	0	0	0	0	1
1	0	1	1	0	1
1	1	0	0	0	1
1	1	1	0	0	1

② 逻辑函数式与逻辑图的的相互转换。

从给定的逻辑函数式转换为相应的逻辑图时，只要用逻辑图形符号代替逻辑函数式中的逻辑运算符号并按运算优先顺序连接起来，即可得到所求的逻辑图。

若要从给定的逻辑图转换为对应的逻辑函数式时，只要从逻辑图的输入端到输出端逐级写出每个图形符号的输出逻辑式，即可在输出端得到所求的逻辑函数式。

【例2.4.3】已知逻辑函数为$Y=(A+B'\ C)'+A'\ BC'+C$，画出其对应的逻辑图。

解：将式中所有的与、或、非运算符号用图形符号代替，并依据运算优先顺序将这些图形符号连接起来，就得到图2.4.4所示的逻辑图。

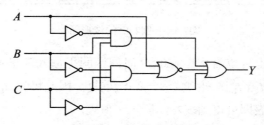

图2.4.4 例2.4.3逻辑图

【例2.4.4】已知函数的逻辑图如图2.4.5所示，试求它的逻辑函数式。

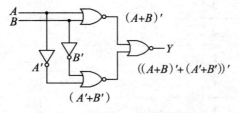

图2.4.5 例2.4.4的逻辑图

解：从输出端A、B开始逐个写出每个图形符号输出端的逻辑式，得到：

$$Y=((A+B)'+(A'+B')')'。$$

将式子展开可得：

$$Y=((A+B)'+(A'+B')')'=(A+B)(A'+B')=AB'+A'B=A\oplus B$$

可见，输出Y和A、B间是异或关系。

③ 波形图和真值表的相互转换。

在从已知的逻辑函数的波形图求对应的真值表时，首先需要从波形图上找出每个时间段输入变量与函数输出的取值，然后将这些输入、输出取值对应列表即可得到所求的真值表。

将真值表转换为波形图时，只需要将真值表中所有的输入变量与对应的输出变量取值依次排列画成以时间为横轴的波形，即可得到所求的波形图。

【例2.4.5】已知逻辑函数Y的波形图如图2.4.6所示，试求该逻辑函数的真值表。

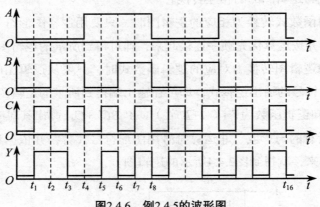

图2.4.6 例2.4.5的波形图

解：从Y的波形图上可以看出，在0至t_8时间区间里输入变量A、B、C所有可能的取值组合均已出现，而且t_8至t_{16}区间的波形与0至t_8重复。因此将0至t_8区间每个时间段里A、B、C与Y的取值对应列表即可得到表2.4.4所示真值表。

表2.4.4 例2.4.5的函数真值表

A	B	C	Y
0	0	0	0
0	0	1	1
0	1	0	1
0	1	1	0
1	0	0	0

续表

A	B	C	Y
1	0	1	1
1	1	0	0
1	1	1	1

2.4.2 逻辑函数的两种标准形式

逻辑函数有"最小项之和"及"最大项之积"两种标准函数，在讲述之前，先理解一下什么是最小项和最大项。

（1）最小项和最大项

① 最小项。

在 n 变量逻辑函数中，若 m 为包含 n 个因子的乘积项，而且这 n 个变量均以原变量或反变量的形式在 m 中出现一次，则称 m 为改组变量的最小项。

例如，A、B、C 是三个变量的最小项有 $AB'C'$、$A'B'C$、$A'BC'$、$A'B'C'$、$A'BC$、$AB'C$、ABC'、ABC 共 8 个（即 2^3 个）。n 变量的最小项应有 2^n 个。

输入变量的每一组取值都使一个对应的最小项的值等于 1。例如，在三变量 A、B、C 的最小项中，当 $A=1$、$B=0$、$C=1$ 时，$AB'C=1$。如果把 ABC' 的取值 110 看做一个二进制数，那么它所表示的十进制数就是 6。为了今后使用方便，将 ABC' 这个最小项记作 m_6。按照这一约定，就得到了三变量最小项的编号表，如表 2.4.5 所示。

表2.4.5 三变量最小项的编号表

最小项	使最小项为1的变量取值			对应十进制数	编号
	A	B	C		
$A'B'C'$	0	0	0	0	m_0
$A'B'C$	0	0	1	1	m_1
$A'BC'$	0	1	0	2	m_2
$A'BC$	0	1	1	3	m_3
$AB'C'$	1	0	0	4	m_4
$AB'C$	1	0	1	5	m_5
ABC'	1	1	0	6	m_6
ABC	1	1	1	7	m_7

根据同样的道理，将 A、B、C、D 这4个变量的16个最小项记作 $m_0 \sim m_{15}$。

从最小项的定义出发,可以证明它具有如下的重要性质:

a. 在输入变量的任何取值下必有一个最小项,且仅有一个最小项的值为1。

b. 全体最小项之和为1。

c. 任意两个最小项的乘积为0。

d. 具有相邻性的两个最小项之和可以合并成一项并消去一对因子。

若两个最小项只有一个因子不同,则称这两个最小项具有相邻性。例如,$A'BC'$和ABC'两个最小项仅第一个因子不同,所以它们具有相邻性。这两个最小项相加时一定能合并成一项并将一对不同的因子消去,即

$$A'BC' + ABC' = (A' + A)BC' = BC'$$

② 最大项。

在n个变量逻辑函数中,若M为n个变量之和,而且这n个变量均以原变量或反变量的形式在M中只出现一次,则称M为该组变量的最大项。

例如,三变量A、B、C的最大项有$(A' + B' + C')$、$(A' + B' + C)$、$(A' + B + C')$、$(A + B' + C')$、$(A' + B + C)$、$(A + B' + C)$、$(A + B + C')$、$(A + B + C)$,共8个(即2^3个)。对于n个变量,则有2^n个最大项。可见,n个变量的最大项数目和最小项数目是相等的。

输入变量的每一组取值都使一个对应的最大项的值为0。例如,在三变量A、B、C的最大项中,当$A=1$、$B=0$、$C=1$时,$(A' + B + C')=0$。若将使最大项为0的A、B、C取值视为一个二进制数,并以其对应的十进制数给最大项编号,则$(A' + B' + C)$可记作M_6,因此得到的三变量最大项编号表,如表2.4.6所示。

表2.4.6 三变量最大项的编号表

最大项	使最小项为0的变量取值			对应十进制数	编号
	A	B	C		
$A + B + C$	0	0	0	0	M_0
$A + B + C'$	0	0	1	1	M_1
$A + B' + C$	0	1	0	2	M_2
$A + B' + C'$	0	1	1	3	M_3
$A' + B + C$	1	0	0	4	M_4
$A' + B + C'$	1	0	1	5	M_5
$A' + B' + C$	1	1	0	6	M_6
$A' + B' + C'$	1	1	1	7	M_7

根据最大项的定义同样也可以得到它的主要性质：

a. 在输入变量的任何取值下必有一个最大项，而且只有一个最大项为0。

b. 全体最大项之积为0。

c. 任意两个最大项之和为1。

d. 只有一个变量不同的两个最大项的乘积等于各相同变量之和。

如果对比表2.4.5和表2.4.6则可发现，最大项和最小项之间存在如下关系：

$$M_i=m'_i \qquad\qquad (2.4.2)$$

例如，$m_4=AB'C'$，则$M_4=(AB'C')'=A'+B+C=M_4$。

③ 逻辑函数的最小项之和形式。

首先将给定的逻辑函数式化为若干乘积项之和的形式（亦称"积之和"形式），然后再利用基本公式$A+A'=1$将每个乘积项中缺少的因子补全，这样就可以将与或的形式化为最小项之和的标准形式。这种标准形式在逻辑函数的化简以及计算机辅助分析和设计中得到了广泛的应用。

例如，给定逻辑函数为

$$Y=ABC'+BC$$

则可化为

$$Y=ABC'+BC(A'+A)=ABC'+A'BC+ABC=m_6+m_3+m_7$$

或写作：

$$Y(A,B,C)=\sum m(3,6,7)$$

【例2.4.6】将逻辑函数$Y=AB+AC$转换成最小项表达式。

解：该函数为三变量函数，而表达式中每项只含有两个变量，不是最小项。要变为最小项，就应补齐缺少的变量，办法为将各项乘以1，如AB项乘以$(C+C')$。

$$Y=AB+BC$$
$$=AB(C+C')+BC(A+A')$$
$$=ABC+ABC'+ABC+A'BC$$
$$=2ABC+ABC'+A'BC$$
$$=m_7+m_6+m_3$$

或者：

$$Y(A,B,C)=\sum m(3,6,7)$$

在逻辑函数包含的最小项个数较多时，这种用最小项下标编号来表示最小项的方法比较简便。

④ 逻辑函数的最大项之积形式。

利用逻辑代数的基本定律和公式，可以把任何一个逻辑函数式化成若干多项式相乘的或与形式（也称为"和之积"形式）。再利用基本公式$A'A=0$将每个多项式中缺少的变量补齐，就可以将函数式的或与形式化成最大项之积的形式了。

【例2.4.7】将逻辑函数$Y=A'B+AC$化成最大项之积的形式。

解：首先利用公式$A+BC=(A+B)(A+C)$将Y化成或与形式：

$$Y=A'B+AC=(A'B+A)(A'B+C)=(A+B)(A'+C)(B+C)$$

然后在第一个括号内加上CC'，第二个括号内加上BB'，第三个括号内加上AA'，于是得到：

$$Y=(A+B+CC')(A'+C+BB')(B+C+AA')$$
$$=(A+B+C)(A+B+C')(A'+B+C)(A'+B'+C)$$

或写作：

$$Y(A,B,C)=\prod M(0,1,4,6)$$

2.5 逻辑函数的公式化简法

2.5.1 逻辑函数的最简表达式

由于一个逻辑函数的表达式不是唯一的，可以有多种形式。例如，有一个逻辑函数式为

$$Y=AC+A'B$$

式中，AC和AB两项都是由与（逻辑乘）运算把变量连接起来的，故称为与项（乘积项），然后由或运算将这两个与项连接起来。这种类型的表达式称为与或逻辑表达式，或称为逻辑函数表达式的"积之和"形式。

在若干个逻辑关系相同的与或表达式中，将其中包含的与项数最少，且每个与项中变量数最少的表达式称为最简与或表达式。

一个与或表达式易于转换为其他类型的函数式。例如，上面的与或表达式经过变换，可以得到与其对应的与非与非表达式、或与表达式、或非或非表达式以及与或非表达式四种表达式。例如：

$$Y=AC+A'B \qquad\qquad \text{与或表达式}$$
$$=(A+B)(A'+C) \qquad\qquad \text{或与表达式}$$
$$=((AC)'(A'B)')' \qquad\qquad \text{与非与非表达式}$$
$$=((A+B)'+(A'+C)')' \qquad\qquad \text{或非或非表达式}$$
$$=(AC'+A'B')' \qquad\qquad \text{与或非表达式}$$

在上述多种表达式中，与或表达式是逻辑函数的最基本表达形式。因此，在化简逻辑函数时，通常是将逻辑式化简成最简的与或表达式，然后再根据需要转换成其他形式。最简与或表达式的标准如下。

（1）与项最少，即表达式中"+"号最少。

（2）每个与项中的变量数最少，即表达式中"·"号最少。

与项最少，可以使电路实现时所需的逻辑门的个数最少；每个与项中的变量数最少，可以使电路实现时所需逻辑门的扇入系数即输入端个数最少。这样就可以保证电路最简，成本最低。

对于其他类型的电路，也可以得出类似的"最简"标准。例如或与表达式，其"最简"的标准可以变更为：或项最少；每个或项中的变量数最少。

2.5.2　逻辑函数的公式化简法

用公式化简法化简逻辑函数，就是直接利用逻辑代数的基本公式和基本规则进行化简。公式化简法没有固定的步骤，常用的化简方法有以下几种。

（1）并项法。运用公式$A+A'=1$，将两项合并为一项，消去一个变量。如：

$$Y=ABC'+ABC=AB（C'+C）=AB$$

$$Y=A（BC+B'C'）+A（BC'+B'C）=ABC+AB'C'+ABC'+AB'C$$

$$=AB（C+C'）+AB'（C+C'）=AB+AB'=A（B+B'）=A$$

（2）吸收法。运用吸收律$A+AB=A$消去多余的与项。如：

$$Y=AB'+AB'（C+DE）=AB'$$

（3）消去法。运用吸收律$A+A'B=A+B$消去多余的因子。如：

$$Y=AB+A'C+B'C=AB+（A'+B'）C=AB+（AB）'C=AB+C$$

$$Y=A'+AB+B'E=A'+B+B'E=A'+B+E$$

（4）配项法。先通过乘以$A+A'$（=1）或加上AA'（=0），增加必要的乘积项，再用以上方法化简。如：

$$Y=AB+A'C+BCD$$

$$=AB+A'C+BCD（A+A'）$$

$$=AB+A'C+ABCD+A'BCD$$

$$=AB+A'C$$

$$Y=ABC+（ABC）'·（AB）'$$

$$=ABC'+（ABC）'·（AB）'+AB·（AB）'$$

$$=AB（C'+（AB）'）+（ABC）'·（AB）'$$

$$=AB·（ABC）'+（ABC）'·（AB）'$$

$$= (ABC)' (AB+ (AB)')$$

$$= (ABC)'$$

使用配项法要注意防止越配越繁。通常对逻辑函数进行化简，要灵活运用上述方法技巧，才能将逻辑函数化为最简。

【例2.5.1】化简逻辑函数 $Y=AB'+AC'+ABC$。

解：$Y=A(B'+C')+ABC=A(BC)'+ABC=A((BC)'+BC)=A$

【例2.5.2】化简逻辑函数 $Y=AD+AD'+AB+A'C+BD+AB'EF+B'EF$。

解：$Y=A+AB+A'C+BD+AB'EF+B'EF$（利用 $A+A'=1$）

$=A+A'C+BD+B'EF$（利用 $A+AB=A$）

$=A+C+BD+B'EF$（利用 $A+A'B=A+B$）

【例2.5.3】化简逻辑函数 $Y=AB+AC'+B'C+C'B+B'D+D'B+ADE(F+G)$。

解：$Y=A(B'C)'+B'C+C'B+B'D+D'B+ADE(F+G)$（利用反演律 $A(B+C')$

$=A(B'C)')$

$=A+B'C+C'B+B'D+D'B+ADE(F+G)$（利用 $A+A'B=A+B$）

$=A+B'C+C'B+B'D+D'B$（利用 $A+AB=A$）

$=A+B'C(D+D')+C'B+B'D+D'B(C+C')$（配项法）

$=A+B'CD+B'CD'+C'B+B'D+D'BC+D'BC'$

$=A+B'CD'+C'B+B'D+D'BC$（利用 $A+AB=A$）

$=A+CD'(B'+B)+C'B+B'D$

$=A+CD'+C'B+B'D$（利用 $A+A'=1$）

【例2.5.4】化简逻辑函数 $Y=AB'+BC'+B'C+A'B$。

解法1：

$$Y=AB'+BC'+B'C+A'B+AC'（增加冗余项AC'）$$

$$=AB'+B'C+A'B+AC'（消去1个冗余项BC'）$$

$$=B'C+A'B+AC'（再消去1个冗余项AB'）$$

解法2：

$$Y=AB'+BC'+B'C+A'B+A'C（增加冗余项AC'）$$

$$=AB'+B'C+A'B+AC'（消去1个冗余项BC'）$$

$$=AB'+BC'+A'C（再消去1个冗余项A'B）$$

由上例可知，逻辑函数的化简结果不是唯一的。

【例2.5.5】已知逻辑函数表达式为 $Y=ABD'+A'B'D'+ABD+A'B'C'D+A'B'CD$。要求：

（1）最简的与或逻辑函数表达式，并画出相应的逻辑图。

（2）仅用与非门画出最简表达式的逻辑图。

解：$Y=AB(D+D')+A'B'D'+A'B'D(C+C')$（分配律）

$\quad =AB+A'B'D'+A'B'D$（利用$A+A'=1$）

$\quad =AB+A'B'(D+D')$（利用$A+A'=1$）

$\quad =AB+A'B'$（与或表达式）

$\quad =((AB+A'B')')'$（先利用$A''=A$，再利用德·摩根定律）

$\quad =((AB)'\cdot(A'B')')'$（与非与非表达式）

根据最简与或表达式画出的逻辑图，它用到与门、或门和非门3种类型的逻辑门；根据与非与非表达式画出的逻辑图，它是只用到两个输入端和三个与非门的一种逻辑门电路。通常在一片集成电路器件内部有多个同类型的门电路，所以利用德·摩根定律对逻辑函数表达式进行变换，可以减少门电路的种类和集成电路的数量，具有一定的实际意义。

将与或表达式变换为与非与非表达式时，首先对与或表达式取两次非，然后根据德·摩根定律分开下面的取非线。将与或表达式变换成或非或非表达式时，先对与或表达式中的每个乘积项单独取两次非，后按照德·摩根定律分开下面的取非线，最后对整个表达式去两次非。下面再举一例说明这种形式的逻辑函数变换。

【例2.5.6】试对逻辑表达式$Y=AB'C+AB'C'$进行变换，仅用或非门画出该表达式的逻辑图。

解：仿照上例，只用或非门来实现也是可以的，只需把函数向或非形式进行变换：

$Y=((A'B'C)')'+((AB'C')')'$

$\quad =(A+B+C')'+(A'+B+C)'$（德·摩根定律）

$\quad =(((A+B+C')'+(A'+B+C)')')'$（或非或非表达式）

在实际应用中，有时最简逻辑表达式并不是最好的选择，比如某函数表达式形式上是最简的，但是实现的成本却不是最低的（如器件种类多，使成本反而较高，使性价比较低）或者还会出现问题而不能使用。所以，化简和变换的原则方向是正确的，但是要根据应用实际具体情况灵活掌握。

公式化简法的优点是不受变量数目的限制。缺点是：没有固定的步骤可循；需要熟练运用各种公式和规则；需要一定的技巧和经验；特别是较难判定化简结果是否最简，而且同一逻辑函数可能有多个不同的表达式，必须确定它们是否是表达同一个逻辑函数。因此，在变量数不多的情况下，通常采用卡诺图化简法化简。

2.6　逻辑函数的卡诺图化简法

卡诺图是美国工程师卡诺（Karnaugh）首先提出的，它是一种按逻辑相邻原则排列成的方格图，利用相邻项合并的原则来使逻辑函数得到化简。由于卡诺图化简法简单、直观，而且可靠，因而得到了广泛的应用。

2.6.1　卡诺图的构成

在逻辑函数的真值表中，输入变量的每一种组合都和一个最小项对应，这种真值表称为最小项真值表。将逻辑函数真值表中的最小项排列成矩阵，并且矩阵的横向和纵向的逻辑变量的取值按照格雷码的顺序排列（即相邻的数码只有一位码不同），这样构成的图形称为卡诺图。

由于相邻的最小项只有一个变量不同而其余变量都相同，如ABC和$A'BC$，$ABCD$和$AB'CD$。相邻最小项可以利用公式$A+A'=1$来消去一个变量，如$ABC+A'BC=BC$，$ABCD+AB'CD=ACD$。逻辑函数的化简实质上就是相邻最小项的合并。

卡诺图的排列特点就是具有很强的相邻性。

首先是直观相邻性，只要小方格在几何位置上相邻（不管上下左右），它代表的最小项在逻辑上一定是相邻的。

其次是对边相邻性，即与中心轴对称的左右两边和上下两边的小方格也具有相邻性。所以，四角的最小项也都是相邻的。凡是两个相邻的最小项，它们在图中也是相邻的。所以，二变量的最小项有2个最小项与之相邻，三变量的最小项有3个最小项与之相邻，四变量的最小项有4个最小项与之相邻，五变量的最小项有5个最小项与之相邻，以此类推。

从图2.6.1可以看出，随着逻辑函数变量的增多，相应的卡诺图的复杂程度也成倍地增加。所以，卡诺图一般只适用于5个变量以内的情况。

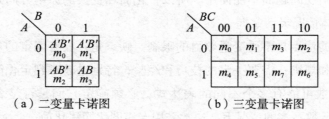

（a）二变量卡诺图　　　　　　　　（b）三变量卡诺图

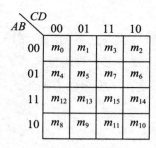

（c）四变量卡诺图

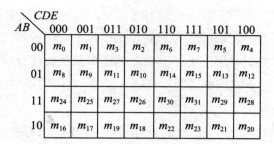

（d）五变量卡诺图

图2.6.1　二变量到五变量最小项卡诺图

2.6.2　逻辑函数的卡诺图表示法

用卡诺图表示逻辑函数，就是把逻辑函数的最小项表达式中，每一个最小项对应的方格填上1，其余的方格填上0（也可以空着都不填），这样就得到了该逻辑函数的卡诺图。

（1）利用真值表填卡诺图

【例2.6.1】某逻辑函数的真值表，给出该逻辑函数的卡诺图。

表2.6.1　某逻辑函数的真值表

A	B	C	Y
0	0	0	0
0	0	1	1
0	1	0	0
0	1	1	0
1	0	0	0
1	0	1	1
1	1	0	0
1	1	1	1

解：该函数为三变量，先画出三变量卡诺图，然后根据真值表的内容将8个最小项的取值0或者1填入卡诺图中对应的8个小方格中即可。如图2.6.2所示。

图2.6.2　例2.6.1的卡诺图

（2）逻辑函数为一般表达式时，填逻辑函数卡诺图

当已知逻辑函数为一般表达式时，可先将其化成标准与或式，再画出卡诺图。但这样做往往很麻烦，实际上只需把逻辑函数式展开成与或式就行了，再根据与或式每个与项的特征直接填卡诺图。具体方法是：把卡诺图中含有某个与项变量的方格填入1，直到填完逻辑式的全部与项。

【例2.6.2】已知$Y=A'D+B（A+C'D）$，试画出Y的卡诺图。

解：（1）先把逻辑式展开成与或式。

$$Y=A'D+AB+BC'D$$

（2）画四变量最小项卡诺图，如图2.6.3所示。

AB\CD	00	01	11	10
00	0	1	1	0
01	0	1	1	0
11	1	1	1	1
10	0	0	0	0

图2.6.3　例2.6.2的卡诺图

（3）根据与或式中的每个与项，填卡诺图。

第一个与项是$A'D$，缺少变量B和C，共有4个最小项。$A'D$可用$A=0$，$D=1$表示，$A=0$对应的方格在第一和第二行内，$D=1$对应的方格在第二和第三列内，行和列相交的方格便为$A'D$对应的最小项，由图2.6.3可知，1、3、5、7号方格为AB对应的最小项方格，故在这4个方格中填入1。

第二个与项是AB，同理可知，卡诺图中12、13、14、15号方格为AB对应的最小项方格，故在这4个方格中填入1。

第三个与项是$BC'D$。卡诺图中的5、13号方格中含有$BC'D$对应的最小项方格，故这两个方格中填入1。

对于有重复最小项的方格只需填入一个1，如此填完全部与项，就完成了该逻辑函数对应的卡诺图，如图2.6.3所示。

根据与或逻辑式直接画逻辑函数卡诺图的方法，省去了将与或式化为标准与或式的过程，填卡诺图方便、省时、效率高，但要细心，要多做练习，熟练掌握这一方法。

2.6.3　用卡诺图化简逻辑函数

用卡诺图化简逻辑函数式，其原理是利用卡诺图的相邻性，对相邻最小项进行合

并，消去互反变量，以达到化简的目的。2个相邻最小项合并，可以消去1个变量；4个相邻最小项合并，可以消去2个变量；把2^n个相邻最小项合并，可以消去n个变量。

用卡诺图化简逻辑函数式有一定的规则、步骤和方法可循，概括为以下四点：

（1）画出逻辑函数的卡诺图。

（2）把卡诺图中2^n个为1的相邻最小项方格用包围圈圈起来进行合并，直到所有的1方格全部圈完为止。画包围圈的规则如下。

① 只有相邻的1方格才能合并，而且每个包围圈只能包含2^n个方格（$n=0$，1，2，…）。就是说，只能按1、2、4、8、16这样的1方格的数目画包围圈。

② 为了充分化简，1方格可以被重复圈在不同的包围圈中，但在新画的包围圈中必须有未被圈过的1方格，否则该包围圈是多余的。

③ 为避免画出多余的包围圈，应遵从由少到多的顺序画包围圈的原则。即首先圈"独立"的1方格，再圈仅为2个相邻的1方格，然后分别圈4个、8个相邻的1方格。

④ 包围圈的个数尽量少，这样逻辑函数的与项数目就少。

⑤ 包围圈尽量大，这样消去的变量就多，合并后每个与项中的变量数就少。

（3）合并卡诺图中的相邻最小项。

合并卡诺图中相邻最小项的规则如下。

① 2个相邻最小项合并为一项，可以消去1个相异变量，保留相同变量。

② 4个相邻最小项合并为一项，可以消去2个相异变量，保留相同变量。

③ 8个相邻最小项合并为一项，可以消去3个相异变量，保留相同变量。

以上相邻最小项合并的项数只能是2^n，不满足2^n关系的最小项不能合并。以上规则如图2.6.4所示。

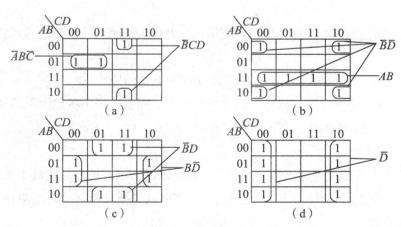

图2.6.4　卡诺图中相邻最小项的合并规则

（4）将合并化简后的各与项进行逻辑加，便为所求的逻辑函数最简与或式。

【例2.6.3】用卡诺图化简逻辑函数 Y（A，B，C，D）$=\sum m$（0，2，4，5，6，7，9，12，14，15）。

解：（1）画四变量最小项卡诺图，如图2.6.5所示。

（2）填卡诺图。将逻辑函数式中的最小项在卡诺图的相应方格内填1。

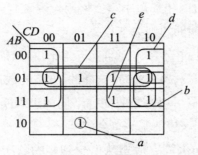

图2.6.5 例2.6.3的卡诺图

（3）合并相邻最小项。按顺序将相邻的1方格按 2^n 数目圈起来。

① 先圈独立的1方格（见 a 包围圈）。

② 再圈仅2个相邻的1方格（无）。

③ 再圈仅4个相邻的1方格（见 b、c、d、e 包围圈）。

（4）合并每个包围圈内的最小项，写出合并后的与项。

$$Y_a = AB'C'D$$

$$Y_b = BD'$$

$$Y_c = A'B$$

$$Y_d = A'D'$$

$$Y_e = BC$$

（5）把全部包围圈的合并结果进行逻辑加，就得到逻辑函数的最简与或式。

$$Y = Y_a + Y_b + Y_c + Y_d$$

$$= AB'C'D + BD' + A'B + A'D' + BC$$

当熟练掌握卡诺图化简法后，第四步可以省去，而直接写出各包围圈的合并结果。

【例2.6.4】用卡诺图化简逻辑函数 Y（A，B，C，D）$=\sum m$（0，1，2，4，5，8，10，11，14，15）。

解：（1）画四变量逻辑函数的卡诺图，如图2.6.6所示。填入对应最小项。

（2）合并相邻最小项。卡诺图4个角上的1方格也是循环相邻的，应圈在一起。一共可以画3个包围圈。

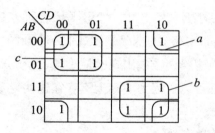

图2.6.6　例2.6.4的卡诺图

（3）写出逻辑函数的最简与或式。

$$Y=B' D' +A' C' +AC$$

【例2.6.5】用卡诺图化简逻辑函数 $Y=A' B' CD+A' BC' D' +AC' D+ABC+BD$

解：（1）画逻辑函数卡诺图，如图2.6.7所示。并将各最小项在卡诺图的相应方格内填1。

（2）合并相邻最小项。为避免画出多余的包围圈，应遵从由少到多的顺序画包围圈的原则，共画出4个包围圈。得出4个与项。

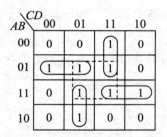

图2.6.7　例2.6.5的卡诺图

（3）写出逻辑函数的最简与或式。

$$Y=A' BC' +A' CD+AC' D+ABC$$

如在该例中采取由多到少顺序画包围圈，先圈4个相邻的1方格，再圈仅2个相邻的1方格，图2.6.7中，除原4个包围圈外，还会多出一个虚线的包围圈。这样得到的就不是最简与或式。

2.6.4　用卡诺图化简具有无关项的逻辑函数

（1）逻辑函数中的无关项

无关项是指那些与所讨论的逻辑问题没有关系的变量取值组合所对应的最小项。这些最小项有两种，一种是某些变量取值组合不允许出现，如8421（BCD）码中，1010~1111这6种变量取值组合是不允许出现的，是受到约束的，故称为约束项。另一种是某些变量取值组合在客观上不会出现，如在联动互锁开关系统中，几个开关的状态是互相排斥的，每次只闭合一个开关。其中一个开关闭合时，其余开关必须断开，因此在这种系统中，2个以上开关同时闭合的情况是客观上不存在的，这样的开关组合又称为无关项。约束项是一种不会在逻辑函数中出现的最小项，所以对应于这些最小项的变量取值组合，函数值视为0或1都可以（因为实际上不存在这些变量取值），这样的最小项统称为无关项。

（2）利用无关项化简逻辑函数

在卡诺图中，无关项对应的方格常用"X"来标记，表示根据需要，可以看作1或0。在逻辑函数式中用字母d和相应的编号表示无关项。用卡诺图化简时，无关项方格是作为1方格还是作为0方格，依化简需要灵活确定。下面举例说明。

【例2.6.6】用卡诺图化简含有无关项的逻辑函数。

$$Y(A, B, C, D) = \sum m(0, 1, 2, 3, 4, 7, 15) + \sum d(8, 9, 10, 11, 12, 13, 14)$$

式中，$\sum d(8, 9, 10, 11, 12, 13, 14)$表示最小项；$m_8$，$m_9$，$m_{10}$，$m_{11}$，$m_{12}$，$m_{13}$，$m_{14}$为无关项。

解：（1）画四变量逻辑函数卡诺图，如图2.6.8所示，在最小项方格中填1，在无关项方格中填X。

（2）合并相邻最小项，与1方格圈在一起的无关项被作为1方格，没有圈的无关项可视作0（1方格不能遗漏，"X"方格可以丢弃）。

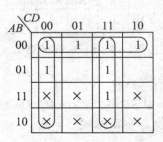

图2.6.8 例2.6.6的卡诺图

（3）写出逻辑函数的最简与或式。

$$Y = C'D' + CD + A'B'$$

该例题若不利用无关项，便不能得到如此简化的与或式。无关项可以视作0，也可以视作1，把它视作0或1对逻辑函数值没有影响，应充分利用这一特点化简逻辑函数，以得到更为满意的化简结果。

本章小结

本章所讲的主要内容是逻辑代数的公式和定理、逻辑函数的表示方法和逻辑函数的化简方法这三个部分。

与、或、非运算是逻辑代数中的三种基本逻辑运算，由它们可以组合或演变成几种基本的复合逻辑运算，如与非、或非、与或非、异或和同或等。由基本公式可以推导出许多演变的常用公式。

逻辑函数有真值表、逻辑表达式、逻辑图、波形图和卡诺图这五种常用的表示方法。它们各有特点：真值表通过表格的方式全面反映事物的逻辑关系；逻辑表达式便于运算和演变；逻辑图接近工程实际；波形图便于分析和测试；卡诺图便于化简。这五种表示方法可以互相转换。

逻辑函数的化简是在分析和设计数字电路的时候一个重要的工序。实践中，为了实现同样的功能，将电路设计的越简单，成本就越低。公式化简法的优点是它的使用不受任何条件的限制，但由于这种方法没有固定的步骤可循，所以熟练地运用各种公式和定理。

卡诺图化简法的优点是简单、直观，而且有一定的化简步骤可循。初学者容易掌握这种方法，而且化简过程中也便于检查化简结果的准确性，避免差错。

在数字电路的设计过程中，有时由于受电子器件本身的制约只能选用某种逻辑功能类型的器件，这时就需要将逻辑函数式变换为与之相符合的形式。而在使用器件的逻辑功能类型不受限制的情况下，往往希望得到最简的逻辑表达式。因此，最终将逻辑函数式化成什么形式最为有利，还要根据选用哪些种类的电子器件而定。

思考题

1.1 分别举出现实生活中存在的与，或，非逻辑关系的实例。

1.2 列真值表进行比较，两个变量的同或运算和异或运算之间具有怎样的逻辑关系？

练习题

[题2.1] 列真值表证明下列各式。

（1）$A' + B' = (AB)'$

（2）$(A'B')' = A + B$

（3）$(AB' + A'B) = A'B' + AB$

（4）$(AB + CD)' = (A' + B')(C' + D')$

[题2.2] 试用真值表证明下面的异或运算公式。

（1）$A \oplus 1 = A'$

（2）$A \oplus A = 0$

（3）$A \oplus B = A' \oplus B'$

（4）$(A \oplus B) \oplus C = A \oplus (B \oplus C)$

［题2.3］用真值表证明下列恒等式。

（1）$(A+B)(A+C) = A+BC$

（2）$(A \oplus B)' = A'B' + AB$

［题2.4］用逻辑代数基本定律证明下列等式。

（1）$A+A'B = A+B$

（2）$ABC+AB'C+ABC' = AB+AC$

（3）$A+AB'C'+A'CD+(C'+D')E = A+CD+E$

［题2.5］证明下列恒等式。

（1）$A+(A'(B+C))' = A+B'C'$

（2）$(AB+A'B'+C')' = (A \oplus B)C$

（3）$A \oplus B \oplus C = ABC+(A+B+C)(AB+BC+CA)'$

（4）$(A'B'C')' \cdot (AB+BC+CA)'+ABC = ((A'+B'+C')(A'B'+B'C'+C'A')' +A'B'C')'$

［题2.6］根据对偶定理求出下列逻辑函数的对偶式。

（1）$Y=A(B'+C')+A'(B+C)$

（2）$Y=A(B+C')+A'B(C+D')+AB'C+D$

（3）$Y=(AB'+BC'+C'A)'$

（4）$Y=((A+C)(A'+B+C)(B'+C))'(A+B+C')$

［题2.7］根据反演定理求出下列逻辑函数的反函数。

（1）$Y=(A+BC)DE$

（2）$Y=[A+((BC'+CD)E]F$

（3）$Y=((A+B)'+CD)'+((C+D)'+AB)$

（4）$Y=((AB)'+ABC)'(A+BC)$

［题2.8］分别写出图中的逻辑图对应的逻辑函数表达式，并化简为最简与或式。

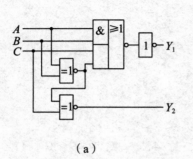

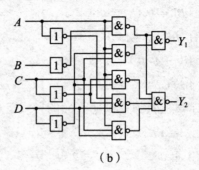

（a）   （b）

［题2.9］已知逻辑函数式为$Y=A+B'C+A'BC'$，写出它对应的真值表并画出逻辑电路图。

［题2.10］将下列逻辑函数表达式用最小项的形式表示。

（1）$Y=AC'+A'B+CB$

（2）$Y=(A+C)(CD'+A'B)$

（3）$Y=(A+B'\cdot D')((AC+D')+A'B)$

（4）$Y=((A+B'\cdot D')(AC+D'))'$

［题2.11］将下列逻辑函数用最大项表达式表示。

（1）$Y=AB+(AB'+DC)'$

（2）$Y=AB'+A'B+AD'C+BCD'$

（3）$Y=AB'CD+A'BC+CD'+BD'$

（4）$Y=AB'+A'BC+AC'$

［题2.12］应用逻辑代数基本定律和常用公式化简下列逻辑表达式。

（1）$Y=(A'B+CD')(AB+CD')$

（2）$Y=(A'B+CD)(A'B+CD)$

（3）$Y=AB'D+ACD+ABD+AC+AB'CD'$

（4）$Y=ACD+ABD+AC+AB'CD'$

［题2.13］用卡诺图表示下列逻辑函数

（1）$Y(A,B,C,D)=AB'+A'D+BD'+C'D$

（2）$Y(A,B,C,D)=(AB'+C'D)(B'C+DC'+A'B)$

（3）$Y(A,B,C,D)=(AB'+C'D)\oplus(CD'+A'B)$

（4）$Y(A,B,C,D)=(AB'+C'D+CD')+A'$

［题2.14］用卡诺图表示下述逻辑函数，并化简成最简与或式。

（1）$Y(A,B,C,D)=\sum m(0,2,5,7,8,10,14,15)$

（2）$Y(A,B,C,D)=\sum m(0,1,3,5,7,8,12)$

（3）$Y(A,B,C,D)=AB'C+C'D+A'CD+BC'D+A'B$

（4）$Y(A,B,C,D)=AB'+C'D+A'D+B'CD+BC'D$

［题2.15］用卡诺图法把下列逻辑函数的最小项表达式化简为最简与或表达式。

（1）$Y(A,B,C)=\sum m(0,1,2,5)$

（2）$Y(A,B,C)=\sum m(0,1,2,4,5,6,7)$

（3）$Y(A,B,C,D)=\sum m(0,1,2,3,4,6,8,9,10,11,12,14)$

（4）$Y(A,B,C,D)=\sum m(0,1,2,3,4,6,7,8,9,10,11,14)$

［题2.16］用卡诺图法把下列逻辑函数化简为最简与或表达式。

（1）$Y=A'B'+B'C'+AC+B'C$

（2）$Y=AC'+A'C+BC'+B'C$

［题2.17］将下列逻辑函数化简为最简或与式。

（1）$Y(A, B, C, D)=\sum m(0, 2, 3, 7, 8, 14)+\sum d(4, 5, 6, 15)$

（2）$Y(A, B, C, D)=\sum m(0, 2, 8, 10, 14)+\sum d(5, 6, 15)$

［题2.18］化简逻辑函数：

（1）用公式法化简函数$Y=(A'B'+A'B+AB')(A'C+B'C+AB)$为最简与或表达式。

（2）用卡诺图化简下面具有约束条件的逻辑函数为最简与或式：

$$Y=B'CD'+A'B'CD+AB'D'+B'C'D'$$

约束条件为$AD+BC=0$。

［题2.19］已知函数$Y(A, B, C, D)=AB+BD+BCD+ABC$，试分别写出它的最简与非与非式，最简或非或非式和最简与或非式。

3 逻辑门电路

逻辑门电路是构成数字电路的基本单元，本章主要介绍门电路的工作原理和逻辑功能。理解数字电路中高电平信号和低电平信号的含义，以及了解逻辑门电路的作用和常用类型。

3.1 概　述

门电路是指用以实现基本逻辑运算或复合逻辑运算的数字单元电路。根据逻辑功能的不同，基本的门电路包括与门、或门和非门（也称为反相器），复合的门电路包括与非门、或非门、与或非门及异或门等。

在数字电子技术中，电路的高电平和低电平一般用逻辑1和逻辑0分别表示，这种表示方法称为正逻辑；当然，电路的高电平和低电平也可以用逻辑0和逻辑1分别表示，这种表示方法称为负逻辑。在本书中采用正逻辑的表示方法。

由于在数字电路中是用高、低电平来表示二值逻辑的1和0两种状态的，因此，在实际使用中只要能明确区分高电平和低电平两个状态就可以了，所以，高电平和低电平都允许有一定的电压范围，如图3.1.1所示。

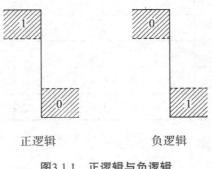

正逻辑　　　　　　　负逻辑

图3.1.1　正逻辑与负逻辑

3.2 基本门电路

3.2.1 二极管与门电路

最简单的与门可以用二极管和电阻组成，如图3.2.1（a）所示，为二输入端与门电路。与门的逻辑功能为：在A、B两个输入信号中，只要有一个或两个输入信号为低电平0，输出Y便为低电平0；只有A、B两个输入信号都为高电平1时，输出Y才为1。与门的逻辑真值表如表3.2.1所示。由该表可看出，输出和输入之间为与逻辑关系。因此，与门的输出逻辑表达式为

$$Y=A \cdot B \qquad\qquad (3.2.1)$$

图3.2.1（b）所示为与门的逻辑符号。根据与门的逻辑功能可画出它的输入和输出波形，如图3.2.1（c）所示。

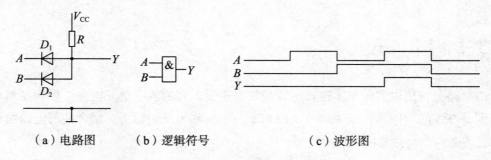

（a）电路图　　　（b）逻辑符号　　　　　（c）波形图

图3.2.1　二极管与门

与门用以实现与运算，当与门有多个输入端时，则式（3.2.1）可以推广为$Y=A \cdot B \cdot C \cdots$。

表3.2.1　与门的真值表

输入		输出
A	B	Y
0	0	0
0	1	0
1	0	0
1	1	1

3.2.2 二极管或门电路

最简单的或门电路也是由二极管和电阻组成的，如图3.2.2（a）所示为二输入端或

门电路。或门的逻辑功能为：在A、B两个输入信号中，任一个或两个输入信号为高电平1，输出Y便为高电平1；只有A、B两个输入信号都为低电平0时，输出Y才为0。其逻辑真值表如表3.2.2所示。由该表可看出，输出和输入之间为或逻辑关系。因此，或门的输出逻辑表达式为

$$Y=A+B \qquad\qquad (3.2.2)$$

图3.2.2（b）所示为或门的逻辑符号。根据或门的逻辑功能可画出它的输入和输出波形，如图3.2.2（c）所示。

当或门有多个输入端时，则式（3.2.2）可以推广为$Y=A+B+C+\cdots$

或门用以实现或运算。

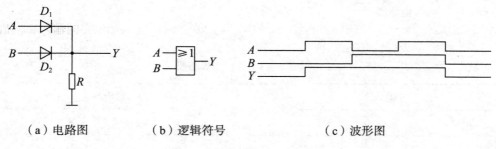

（a）电路图　　　　　（b）逻辑符号　　　　　（c）波形图

图3.2.2　二极管或门

表3.2.2　或门的真值表

输入		输出
A	B	Y
0	0	0
0	1	1
1	0	1
1	1	1

3.2.3　三极管非门电路

图3.2.3（a）所示为非门电路。由图可知，当输入信号A为低电平0时，$u_{BE}<0$ V，三极管截止，输出Y为高电平1；当输入信号A为高电平1，电路参数合理，使三极管工作在饱和状态，输出Y为低电平0。其真值表如表3.2.3所示。由该表可看出，输出和输入之间为非逻辑关系。非门的输出逻辑表达式为

$$Y=\overline{A} \qquad\qquad (3.2.3)$$

由于非门输出信号与输入信号反向，所以，非门又称为反相器。

图3.2.3（b）所示为非门的逻辑符号。非门的输入和输出波形如图3.2.3（c）所示。非门用以实现非运算。

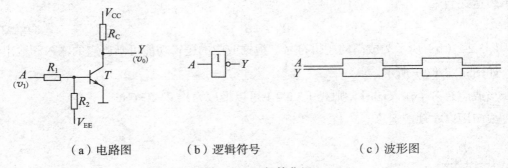

（a）电路图 （b）逻辑符号 （c）波形图

图3.2.3 三极管非门

表3.2.3 非门的真值表

输入	输出
A	Y
0	1
1	0

3.3 复合逻辑门电路

为便于实现各种不同的逻辑函数，在门电路中除了基本的与门、或门、非门电路以外，还有与非门、或非门、与或非门和异或门等几种常用的复合门电路。

3.3.1 与非门电路

图3.3.1（a）所示为与非电路，它是在二极管与门的输出端级联一个非门后组成的。图3.3.1（b）为其逻辑符号，其逻辑功能是利用与门的输出信号作为非门的输入来实现的，其逻辑功能可以表述为：只有当输入A和B都为高电平1时，输出Y才为低电平0；只要输入A和B中有低电平0时，输出Y就为高电平1。图3.3.1（c）为与非门输入输出波形图。与非门的真值表如表3.3.1所示，由该表可以看出其输出逻辑表达式为

$$Y = \overline{A \cdot B} \tag{3.3.1}$$

与非门用以实现与非逻辑运算。

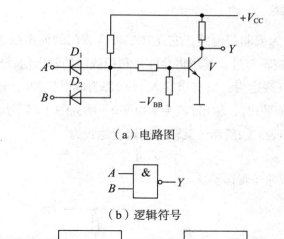

（a）电路图

（b）逻辑符号

（c）波形图

图 3.3.1 **与非门电路**

表3.3.1 **与非门的真值表**

输入		输出
A	B	Y
0	0	1
0	1	1
1	0	1
1	1	0

TTL与非门举例：7400是一种典型的TTL与非门器件，内部含有4个2输入端与非门，共有14个引脚。引脚排列图如图3.3.2所示。

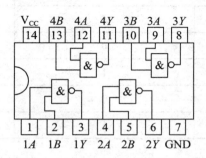

图3.3.2 **7400与非门的引脚排列图**

3.3.2 或非门电路

图3.3.3（a）所示为或非门电路，它是在二极管或门的输出端级联一个非门后组成的。图3.3.3（b）为其逻辑符号，其逻辑功能是利用或门的输出信号作为非门的输入来实现的，其逻辑功能可以表述为：只有当输入A和B都为低电平0时，输出Y才为高电平1；只要输入A和B中有高电平1时，输出Y就为低电平0。图3.3.3（c）为或非门输入输出波形图。或非门的真值表如表3.3.2所示。其输出逻辑表达式为

$$Y=\overline{A+B} \tag{3.3.2}$$

或非门用以实现或非逻辑运算。

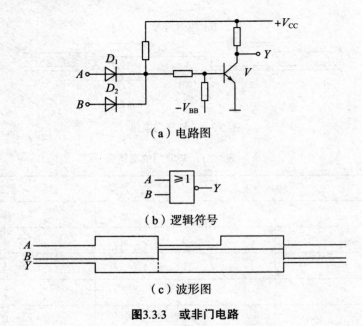

（a）电路图

（b）逻辑符号

（c）波形图

图3.3.3 或非门电路

表3.3.2 或非门的真值表

输入		输出
A	B	Y
0	0	1
0	1	0
1	0	0
1	1	0

3.3.3 与或非门电路

图3.3.4所示为与或非门的逻辑符号，可以看出它是由与门、或门和非门级联而成

的。与或非门的输出逻辑表达式为

$$Y=\overline{AB+CD} \qquad\qquad (3.3.3)$$

与或非门用以实现与或非逻辑运算。

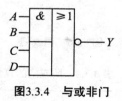

图3.3.4 与或非门

3.3.4 异或门

图3.3.5（a）所示为异或门的逻辑符号，图3.3.5（b）为异或门输入输出波形图。异或门的逻辑功能为：当输入A、B不相同时，输出Y为高电平1；当输入A、B相同（即同为0或同为1）时，输出Y为低电平0。异或门的真值表如表3.3.3所示。其输出逻辑表达式为

$$Y=\overline{A}B+A\overline{B}=A\oplus B \qquad\qquad (3.3.4)$$

异或门用以实现异或逻辑运算。

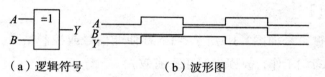

（a）逻辑符号　　　　　（b）波形图

图3.3.5 异或门

表 3.3.3 异或门的真值表

输入		输出
A	B	Y
0	0	0
0	1	1
1	0	1
1	1	0

3.3.5 同或门

图3.3.6（a）所示为同或门的逻辑符号，图3.3.6（b）为同或门输入输出波形图。同或门的逻辑功能为：当输入A、B相同（即同为0或同为1）时，输出Y为高电平1；当输入A、B不相同时，输出Y为低电平0。同或门的真值表如表3.3.4所示。其输出逻辑表达式为

$$Y=\overline{A}\ \overline{B}+AB=\overline{A\oplus B} \qquad\qquad (3.3.5)$$

同或门用以实现同或逻辑运算。

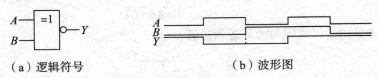

（a）逻辑符号　　　　　　　　　　　（b）波形图

图3.3.6　同或门

表 3.3.4　同或门的真值表

输入		输出
A	B	Y
0	0	1
0	1	0
1	0	0
1	1	1

3.3.6　三态门

三态门的逻辑符号如图3.3.7所示，EN称使能信号或控制信号，只有当使能信号$EN=0$时才允许三态门工作，故称EN低电平有效。

$$
\begin{array}{c}
A \\ B \\ \overline{EN}
\end{array}
\begin{array}{c}
\& \\ \triangledown \\ EN
\end{array}
- Y
$$

图3.3.7　三态输出门的逻辑符号

图3.3.7中，当$EN=0$时，$Y=A \cdot B$，三态门处于工作态，实现与逻辑功能；当$EN=1$时，三态门输出呈现高阻态，又称禁止态。

例3.3.1　用三态输出门接成总线结构。

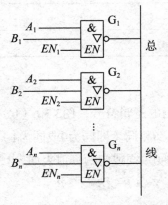

图例3.3.1　用三态输出门接成总线结构

图例3.3.1中，任何时刻EN_1、EN_2、EN_3中只能有一个为有效电平，使相应三态门工作，而其他三态输出门处于高阻状态，从而实现了总线的复用。

3.4 集成逻辑门电路

数字集成电路主要包括两种器件类型：一种是由三极管组成的双极型集成电路，例如晶体管-晶体管逻辑电路（简称TTL电路）。TTL门电路的优点是抗干扰能力强，开关速度快，带负载的能力强，缺点是集成度不高，功耗较大。另一种是由MOS管组成的单极型集成电路，例如N-MOS逻辑电路和互补MOS（简称COMS）逻辑电路。CMOS门电路具有功耗小、输入阻抗高、电源电压范围宽、集成度高、制造工艺简单等优点，其主要缺点是工作速度稍低。

随着集成工艺的不断改进，这两种类型的集成电路正朝着低功耗、高速度、高集成度的方向发展。

3.4.1 TTL集成逻辑门电路

3.4.1.1 TTL数字集成电路的系列

TTL数字集成电路54系列和74系列为国际上通用的标准电路，它们具有相同的电路结构和电气性能参数，它们的主要区别是电源电压和工作温度允许的范围不同。其中的CT54系列和CT74系列表示中国生产的TTL电路（CT的含义为：C为CHINA的缩写，T表示TTL电路）。

3.4.1.2 TTL与非门的主要参数

（1）输出高电平U_{OH}：TTL与非门的一个或几个输入为低电平时的输出电平，U_{OH}的典型值是3.6 V。产品规范值$U_{OH} \geq 2.4$ V，标准高电平$U_{SH} = 2.4$ V。

（2）高电平输出电流I_{OH}：输出为高电平时，提供给外接负载的最大输出电流，超过此值会使输出高电平下降。I_{OH}表示电路的拉电流负载能力。

（3）输出低电平U_{OL}：TTL与非门的输入全为高电平时的输出电平，U_{OL}的典型值是0.3 V。产品规范值$U_{OL} \leq 0.4$ V，标准低电平$U_{SL} = 0.4$ V。

（4）低电平输出电流I_{OL}：输出为低电平时，外接负载的最大输出电流，超过此值会使输出低电平上升。I_{OL}表示电路的灌电流负载能力。

（5）扇出系数N_O：指一个门电路能带同类门的最大数目，它表示门电路的带负载能力。一般TTL门电路$N_O \geq 8$。

（6）最大工作频率f_{max}：超过此频率电路就不能正常工作。

（7）输入开门电平U_{ON}：是在额定负载下使与非门的输出电平达到标准低电平U_{SL}的输入电平。它表示使与非门开通的最小输入电平。一般TTL门电路的$U_{ON} \approx 1.2$ V。

（8）输入关门电平U_{OFF}：使与非门的输出电平达到标准高电平U_{SH}的输入电平。它表示使与非门关断所需的最大输入电平。一般TTL门电路的$U_{OFF} \approx 1.0$ V。

（9）高电平输入电流I_{IH}：输入为高电平时的输入电流，也即当前级输出为高电平时，本级输入电路造成的前级拉电流。

（10）低电平输入电流I_{IL}：输入为低电平时的输出电流，也即当前级输出为低电平时，本级输入电路造成的前级灌电流。

（11）平均传输时间t_{pd}：信号通过与非门时所需的平均延迟时间。在工作频率较高的数字电路中，信号经过多级传输后造成的时间延迟，会影响电路的逻辑功能。

（12）空载功耗：与非门空载时电源总电流I_{CC}与电源电压V_{CC}的乘积。

3.4.1.3 TTL集成逻辑门电路的使用注意事项

1. 电源电压

对于各种集成电路，使用时一定要在推荐的工作电压范围内，否则将导致性能下降或损坏器件。对于54系列，电源电压应满足V_{CC}=5 V ± 10%，74系列应满足V_{CC}=5 V ± 5%，不允许超出这个范围，电源的正极和地线不可接错。

2. 输出端的连接

普通TTL门电路的输出端不允许直接并联使用。输出端不允许直接接电源V_{CC}或直接接地。输出电流应小于产品手册上规定的最大值。三态输出门的输出端可并联使用，但同一时刻只能有一个门工作，其他门输出处于高阻状态。集电极开路门输出端可并联使用，但公共输出端和电源V_{CC}之间应接负载电阻R_L。

3. 闲置输入端的处理

TTL集成门电路使用时，对于闲置输入端（不用的输入端）一般不悬空，主要是防止干扰信号从悬空输入端上引入电路，因为TTL电路输入端悬空时相当于输入高电平。所以，对于闲置输入端的处理以不改变电路逻辑状态及工作稳定性为原则，常用的方法如下。

（1）对于与非门的闲置输入端可直接接电源电压V_{CC}，或通过的1~10 kΩ电阻接电源V_{CC}，如图3.4.1（a）和（b）所示。

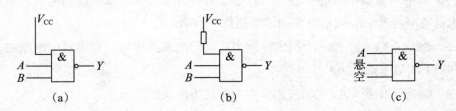

（a）　　　　　　　　　　（b）　　　　　　　　　　（c）

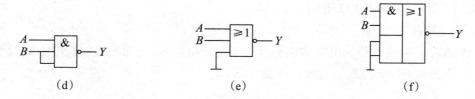

图3.4.1　闲置输入端的常用处理方法

（2）在外界干扰很小时，与非门的闲置输入端可以悬空使用，如图3.4.1（c）所示，但不允许接开路长线，以免引入干扰而产生逻辑错误。

（3）如前级电路驱动能力允许，可将闲置输入端与有用的输入端并联使用，如图3.4.1（d）所示。

（4）或非门不使用的闲置输入端应接地，如图3.4.1（e）所示；对与或非门中不使用的与门至少有一个输入端接地，如图3.4.1（f）所示。

3.4.2　CMOS集成逻辑门电路

3.4.2.1　CMOS数字集成电路的系列

CMOS数字集成电路的系列包括：CMOS4000系列和高速CMOS电路系列。

1. CMOS4000系列

CMOS4000系列的工作电源电压范围为3～15 V；由于具有功耗低、噪声容限大、扇出系数大等优点，所以使用很普遍。但由于其工作频率低，最高工作频率不大于5 MHz，驱动能力差，使CMOS4000系列的使用受到一定的限制。

2. 高速CMOS电路系列

高速CMOS（HCMOS）电路系列比CMOS4000系列具有更高的工作频率和更强的输出驱动负载的能力，同时还保留了CMOS4000系列低功耗、抗干扰能力强的优点。其电源电压范围为2～6 V。

3.4.2.2　CMOS数字集成电路的特点

与TTL数字集成电路相比，CMOS数字集成电路的特点如下。

1. 功耗低

CMOS电路的功耗比TTL电路小得多。门电路的功耗只有几个μW，中规模集成电路的功耗也不会超过100 μW。

2. 工作电源电压范围宽

CMOS4000系列的电源电压范围为3～15 V；HCMOS电路系列的电源电压范围为2～6 V，这给电路电源电压的选择带来了很大的方便。

3. 噪声容限大

CMOS数字集成电路的噪声容限最大可达到电源电压的45%，最小不低于电源电压的30%，它的噪声容限比TTL电路大得多。

4. 逻辑摆幅大

CMOS数字集成电路输出的高电平接近于电源电压V_{DD}，而输出的低电平接近于0，因此，输出逻辑电平幅度的变化接近电源电压V_{DD}。

5. 输入阻抗高

在正常工作电源电压范围内，输入阻抗可达$10^{10} \sim 10^{12}$ Ω，因此，其驱动功率极小，可忽略不计。

6. 扇出系数大

CMOS4000系列输出端可带50个以上的同类门电路，对于HCMOS电路系列可带10个LST–TL负载门，如带同类门电路还可以多一些。

3.4.2.3 CMOS集成逻辑门的使用注意事项

1. 电源电压

（1）CMOS电路的电源电压极性不可接反，否则，可能会造成电路永久性失效。

（2）注意不同系列CMOS电路允许的电源电压范围不同，一般多用5 V。

（3）在进行CMOS电路实验，应先接入直流电源，后接信号源；使用结束时，应先关信号源，后关直流电源。

2. 闲置输入端的处理

（1）闲置输入端不允许悬空。

（2）闲置输入端不宜与使用输入端并联使用，因为这样会增大输入电容，从而使电路的工作速度下降。但在工作速度很低的情况下，允许输入端并联使用。

（3）对于与门和与非门的闲置输入端可接正电源或高电平；对于或门和或非门的闲置输入端可接地或低电平。

3. 输出端的连接

输出端不允许直接与电源V_{DD}或与地（V_{SS}）相连。因为电路的输出级通常为CMOS反相器结构，这会使输出级的NMOS管或PMOS 管可能因电流过大而损坏。

4. 其他注意事项

CMOS电路容易受静电感应而击穿，在使用和存放时应注意静电屏蔽，焊接时电烙铁应接地良好。

本章小结

1. 在数字电路中，半导体器件一般都工作在开关状态，即截止状态或饱和状态。

2. 在正逻辑系统中，逻辑电平0和逻辑电平1表示的低电平和高电平都有一定的变化范围，而不是指某个具体的低电平或高电平。

3. 在数字电路中，最简单的门电路是与门、或门和非门，它们是集成逻辑门电路的基础。

4. 目前普遍使用的数字集成电路主要有两大类，一类由NPN型三极管组成，简称

TTL集成电路；另一类由MOSFET构成，简称MOS集成电路。

5. 为了更好地使用数字集成芯片，应熟悉TTL和CMOS各个系列产品的外部电气特性及主要参数，还应能正确处理多余输入端，能正确解决不同类型电路间的接口问题及抗干扰问题。

思考题

（1）试比较TTL门电路和CMOS门电路的主要优缺点。

（2）TTL门电路的输入端为什么可以悬空，而CMOS门电路则不允许。

（3）使用TTL门电路时应注意哪些问题？

（4）使用CMOS门电路时应注意哪些问题？

（5）试说明三态输出门的逻辑功能，它有什么特点和用途？

练习题

［题3.1］试分别采用与非门和或非门实现与门和或门。

［题3.2］试用与非门实现异或门。

［题3.3］如果要实现如图P3.3所示各TTL门电路输出端所示的逻辑关系，请分析各电路输入端的连接是否正确？如果不正确，请予以改正。

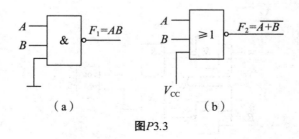

（a）　　　　　　（b）

图P3.3

［题3.4］由TTL与非门，或非门和三态门组成的电路如图P3.4（a）所示，图P3.4（b）是各输入端的输入波形，试画出其输出F_1和F_2的波形。

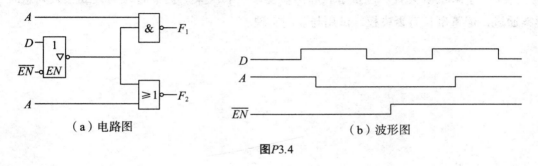

（a）电路图　　　　　　（b）波形图

图P3.4

[题3.5] 写出图P3.5所示电路的逻辑表达式，并根据所示A、B、C的输入波形画出输出波形。

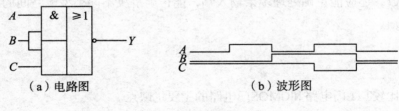

（a）电路图　　　　　　　　　　　　（b）波形图

图P3.5

[题3.6] 在图P3.6所示电路中，分别列出它们的真值表和输出逻辑表达式。

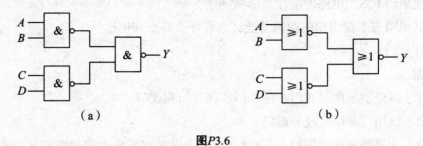

（a）　　　　　　　　　　　　　　　（b）

图P3.6

[题3.7] 如图P3.7所示电路，写出它的输出逻辑表达式，列出它的真值表，说明它的逻辑功能。

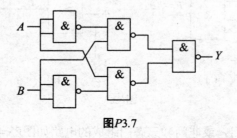

图P3.7

[题3.8] 某董事会有一位董事长和两位懂事，表决某一提案时，两人或三人同意时提案通过，但董事长有否决权，试用与非门实现。

4　组合逻辑电路

本章主要介绍组合逻辑电路的分析方法和设计方法,首先介绍组合逻辑电路的一般特点,然后分别介绍几种常用的组合逻辑电路的电路结构、逻辑功能和使用方法。最后简单介绍组合逻辑电路中竞争冒险现象产生的原因及竞争冒险现象消除的方法。

4.1　概　述

数字逻辑电路按照其逻辑功能的不同,分为组合逻辑电路和时序逻辑电路两类。组合逻辑电路不具有记忆功能,组合逻辑电路的特点是该电路任一时刻的输出状态与电路原来的状态没有关系,仅与当前时刻的输入状态有关。时序逻辑电路具有记忆功能,时序逻辑电路的特点是该电路的输出不仅与当时的输入状态有关,而且还与电路的原来状态有关。函数表达式、真值表、卡诺图、波形图、逻辑图等都可以用来描述组合逻辑电路的功能。

4.2　组合逻辑电路的分析和设计

分析组合逻辑电路目的就是确定该电路的逻辑功能。

设计组合逻辑电路的目的就是确定实现某一逻辑功能的最简逻辑电路。

4.2.1　组合逻辑电路的分析

(1)组合逻辑电路的分析主要有以下5个步骤

① 根据给定的逻辑电路图,从输入到输出逐级写出逻辑函数表达式。

② 化简逻辑函数表达式,写成最简与或式,可采用公式化简法或者卡诺图化简法。

③ 变换逻辑函数表达式。

④ 根据逻辑函数表达式列出函数真值表。

⑤ 分析真值表确定给定组合逻辑电路的逻辑功能。

（2）组合逻辑电路的分析举例

【例4.2.1】试分析图4.2.1所示电路的逻辑功能。

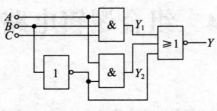

图4.2.1 例4.2.1电路图

解：（1）写出逻辑函数表达式：

$$Y_1 = ABC$$

$$Y_2 = A \cdot \overline{B}$$

$$Y = \overline{ABC + A \cdot \overline{B} + \overline{B}}$$

（2）化简函数表达式：

$$Y = \overline{A}B + B\overline{C}$$

（3）列出真值表：

真值表如表4.2.1所示。

表4.2.1 例4.2.1真值表

A	B	C	Y
0	0	0	0
0	0	1	0
0	1	0	1
0	1	1	1
1	0	0	0
1	0	1	0
1	1	0	1
1	1	1	0

（4）电路逻辑功能说明。

由真值表可以看出，B为0时，所有输出都为0，B为1时，A、B、C同时为1时输出为0。因此可以看出，B点亮时，A、C必同时点亮否则发出故障提示。此电路为照明故障提示电路，B为主控灯。

4.2.2 组合逻辑电路的设计

（1）组合逻辑电路设计的基本步骤

① 根据给定的实际逻辑功能，确定输入变量和输出变量。

② 根据给定的因果关系列出关于输入变量和输出变量的真值表。

③ 由真值表写出逻辑函数表达式。

④ 将得到的逻辑函数表达式化简或变换成其他形式。

⑤ 根据逻辑函数表达式画出逻辑电路图。

（2）组合逻辑电路的设计举例

【例4.2.2】用与非门设计一个故障维修报警电路决电路。一层楼有四盏照明灯，当三盏或以上照明灯不亮时，提示维修人员立即维修。

解：设四盏照明灯分别为输入变量A、B、C和D；故障提示灯为输出变量Y。灯亮为"1"，灯灭为"0"。根据题目中因果关系列出真值表。

① 真值表：

例4.2.2真值表如表4.2.2所示。

表4.2.2　例4.2.2真值表

A	B	C	D	Y
0	0	0	0	1
0	0	0	1	1
0	0	1	0	1
0	0	1	1	0
0	1	0	0	1
0	1	0	1	0
0	1	1	0	0
0	1	1	1	0
1	0	0	0	1
1	0	0	1	0
1	0	1	0	0
1	0	1	1	0
1	1	0	0	0
1	1	0	1	0
1	1	1	0	0
1	1	1	1	0

② 逻辑函数表达式：

$$Y=\overline{A}\,\overline{B}\,\overline{C}\,\overline{D}+\overline{A}\,\overline{B}\,\overline{C}\,D+\overline{A}\,\overline{B}\,C\,\overline{D}+\overline{A}\,B\,\overline{C}\,\overline{D}+A\,\overline{B}\,\overline{C}\,\overline{D}$$

③ 最简与–或表达式：

$$Y=\overline{A}\,\overline{C}\,D+\overline{A}\,\overline{B}\,\overline{C}+\overline{A}\,\overline{B}\,\overline{D}+\overline{B}\,\overline{C}\,\overline{D}$$

④ 逻辑变换：

$$Y=\overline{\overline{A\,\overline{C}\,D}\cdot\overline{\overline{A}\,\overline{B}\,\overline{C}}\cdot\overline{\overline{A}\,\overline{B}\,\overline{D}}\cdot\overline{\overline{B}\,\overline{C}\,\overline{D}}}$$

⑤ 逻辑电路图：

逻辑电路图如图4.2.2所示。

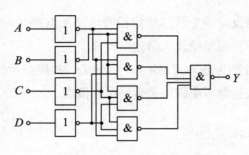

图4.2.2　例4.2.2电路图

4.3　加法器

加法运算是算术运算中最基本的运算。在数字计算机中，二进制数之间的加、减、乘、除运算都可以转换为加法运算。加法器能够实现两个二进制数的加法运算。在数字计算机中，加法器是必不可少的基本运算单元。

加法运算的基本规则：

（1）逢二进一。

（2）最低位是加数和被加数两个数相加，没有进位相加。

（3）其余各位是加数、被加数和低位来的进位三个数相加。

（4）任何位相加都产生两个结果：本位和、向高位的进位。

4.3.1　半加器和全加器

（1）半加器

半加器是实现两个1位二进制数进行相加，并求得和及进位的逻辑电路。半加器不考虑来自低位的进位。

① 真值表:

半加器的真值表如表4.3.1所示。

表4.3.1　半加器真值表

A_i	B_i	S_i	C_i
0	0	0	0
0	1	1	0
1	0	1	0
1	1	0	1

② 逻辑函数表达式:

$$S_i=\overline{A_i}B_i+A_i\overline{B_i}=A_i\oplus B_i$$

$$C_i=A_iB_i$$

③ 逻辑图和逻辑符号:

半加器的逻辑电路图和逻辑符号如图4.3.1所示。

（2）全加器

全加器是实现两个1位或多位二进制数进行相加,并求得和及进位的逻辑电路。全加器除最低位以外,其余各位要考虑来自低位的进位。

① 真值表:

全加器的真值表如表4.3.2所示。

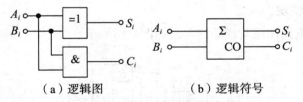

　（a）逻辑图　　　　　　　　　（b）逻辑符号

图4.3.1　半加器逻辑图和逻辑符号

表4.3.2　全加器真值表

A_i	B_i	C_{i-1}	S_i	C_i
0	0	0	0	0
0	0	1	1	0
0	1	0	1	0
0	1	1	0	1
1	0	0	1	0
1	0	1	0	1
1	1	0	0	1
1	1	1	1	1

② 逻辑函数表达式：

$$S_i = \overline{A}_i \overline{B}_i C_{i-1} + \overline{A}_i B_i \overline{C}_{i-1} + A_i \overline{B}_i \overline{C}_{i-1} + A_i B_i C_{i-1}$$
$$= \overline{A}_i \left(\overline{B}_i C_{i-1} - B_i \overline{C}_{i-1} \right) + A_i \left(\overline{B}_i \overline{C}_{i-1} + B_i C_{i-1} \right)$$
$$= \overline{A}_i \left(B_i \oplus C_{i-1} \right) + A_i \overline{\left(B_i \oplus C_{i-1} \right)}$$
$$= A_i \oplus B_i \oplus C_{i-1}$$

$$C_i = \overline{A}_i B_i C_{i-1} + A_i \overline{B}_i C_{i-1} + A_i B_i$$
$$= \left(\overline{A}_i B_i + A_i \overline{B}_i \right) C_{i-1} + A_i B$$
$$= \left(A_i \oplus B_i \right) C_{i-1} + A_i B_i$$

③ 全加器的逻辑图和逻辑符号：

全加器的逻辑电路图和逻辑符号如图4.3.2所示。

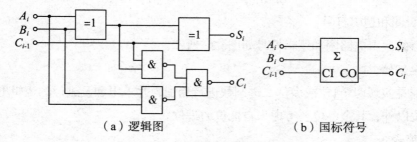

（a）逻辑图　　　　　　　　　　（b）国标符号

图4.3.2　半加器逻辑图和逻辑符号

④ 用与或非门实现：

全加器的逻辑电路图用与或非门实现如图4.3.3所示。

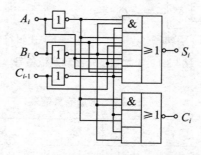

图4.3.3　用与或非们实现的全加器逻辑图

4.3.2　加法器

加法器是能够实现多位二进制数相加的逻辑电路。两个多位数相加时必需考虑从低位来的进位，所以加法器是由多个一位全加器组成的。加法器按照其进位方式的区别，可分为串行进位加法器和超前进位加法器。

（1）串行进位加法器

图4.3.4为4位串行进位加法器逻辑电路图。把4个一位全加器串联起来，低位全加器的进位输出连接到相邻的高位全加器的进位输入，就构成了四位二进制串行进位加法器。同理，N位串行进位加法器就是把N个全加器按照图4.3.4所示的连接方法串联在一起。

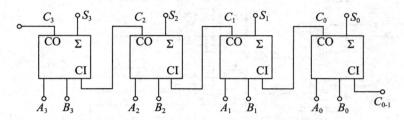

图4.3.4　4位串行进位加法器逻辑电路图

串行进位加法器的优点是结构简单，可以运用在对运算速度要求不高的设备中；缺点是运算速度不够快，完成整个运算所需时间较长，这是由于进位信号是由低位向高位逐级传递的。

（2）超前进位加法器

超前进位加法器也称为快速进位加法器，这种加法器中每位的进位只由加数和被加数决定，而与低位的进位无关。在运算时无须等待从最低位开始向高位逐级传递进位信号，可以有效提高加法器的运算速度。

74LS283是集成4位超前进位加法器，共16个引脚，双列直插式。图4.3.5所示为集成芯片74LS283的引脚排列图，其内部机构逻辑电路图如图4.3.6所示。

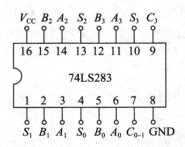

图4.3.5　74LS283的引脚排列图

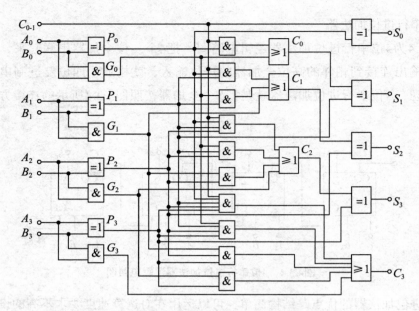

图4.3.6　4位超前进位加法器74LS283逻辑电路图

4.4　编码器

把二进制码按照一定的规律编排，使每组代码具有一特定的含义，表示特定对象的过程称为编码；编码器就是实现这一编码操作的电路。数字电路中，编码器根据同时允许输入编码信号的个数可以分为两类，一类是普通编码器，一类是优先编码器。普通编码器同一时刻只允许有一个输入信号发送编码请求；优先编码器同一时刻允许两个或者两个以上的输入信号发送编码请求。根据输入信号与输出信号的个数又可分为二进制编码器和二–十进制编码器。集成的编码器一般采用优先编码方案。

4.4.1　二进制编码器

二进制编码器是用N位二进制代码对2^N个信号进行编码的电路。

（1）真值表：

3位二进制编码器的真值表如表4.4.1所示。$I_0I_1I_2I_3I_4I_5I_6I_7$分别是编码器的8个输入端，高电平有效；$Y_2Y_1Y_0$分别是编码器的3个输出端。

表4.4.1　3位二进制编码器的真值表

输　　入								输　　出		
I_0	I_1	I_2	I_3	I_4	I_5	I_6	I_7	Y_2	Y_1	Y_0
1	0	0	0	0	0	0	0	0	0	0

续表

输　入								输　出		
I_0	I_1	I_2	I_3	I_4	I_5	I_6	I_7	Y_2	Y_1	Y_0
0	1	0	0	0	0	0	0	0	0	1
0	0	1	0	0	0	0	0	0	1	0
0	0	0	1	0	0	0	0	0	1	1
0	0	0	0	1	0	0	0	1	0	0
0	0	0	0	0	1	0	0	1	0	1
0	0	0	0	0	0	1	0	1	1	0
0	0	0	0	0	0	0	1	1	1	1

（2）逻辑函数表达式：

由真值表得到逻辑函数表达式：

$$Y_2=\bar{I_0}\bar{I_1}\bar{I_2}\bar{I_3}I_4\bar{I_5}\bar{I_6}\bar{I_7}+\bar{I_0}\bar{I_1}\bar{I_2}\bar{I_3}\bar{I_4}I_5\bar{I_6}\bar{I_7}+\bar{I_0}\bar{I_1}\bar{I_2}\bar{I_3}\bar{I_4}\bar{I_5}I_6\bar{I_7}+\bar{I_0}\bar{I_1}\bar{I_2}\bar{I_3}\bar{I_4}\bar{I_5}\bar{I_6}I_7$$

$$Y_1=\bar{I_0}\bar{I_1}I_2\bar{I_3}\bar{I_4}\bar{I_5}\bar{I_6}\bar{I_7}+\bar{I_0}\bar{I_1}\bar{I_2}I_3\bar{I_4}\bar{I_5}\bar{I_6}\bar{I_7}+\bar{I_0}\bar{I_1}\bar{I_2}\bar{I_3}\bar{I_4}\bar{I_5}I_6\bar{I_7}+\bar{I_0}\bar{I_1}\bar{I_2}\bar{I_3}\bar{I_4}\bar{I_5}\bar{I_6}I_7 \qquad (4.4.1)$$

$$Y_0=\bar{I_0}I_1\bar{I_2}\bar{I_3}\bar{I_4}\bar{I_5}\bar{I_6}\bar{I_7}+\bar{I_0}\bar{I_1}\bar{I_2}I_3\bar{I_4}\bar{I_5}\bar{I_6}\bar{I_7}+\bar{I_0}\bar{I_1}\bar{I_2}\bar{I_3}\bar{I_4}I_5\bar{I_6}\bar{I_7}+\bar{I_0}\bar{I_1}\bar{I_2}\bar{I_3}\bar{I_4}\bar{I_5}\bar{I_6}I_7$$

（3）函数式化简：

利用约束项将式（4.4.1）化简，得到：

$$Y_2=I_4+I_5+I_6+I_7$$
$$Y_1=I_2+I_3+I_6+I_7 \qquad (4.4.2)$$
$$Y_0=I_1+I_3+I_5+I_7$$

将（4.4.2）两次取反，变换形式，得到：

$$Y_2=\overline{\overline{I_4}+\overline{I_5}+\overline{I_6}+\overline{I_7}}$$
$$Y_1=\overline{\overline{I_2}+\overline{I_3}+\overline{I_6}+\overline{I_7}} \qquad (4.4.3)$$
$$Y_0=\overline{\overline{I_1}+\overline{I_3}+\overline{I_5}+\overline{I_7}}$$

（4）逻辑电路图：

3位二进制编码器的逻辑电路图如图4.4.1所示。

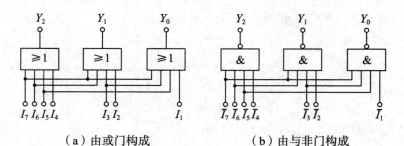

（a）由或门构成　　　　　　　（b）由与非门构成

图4.4.1　3位二进制编码器

4.4.2　二–十进制编码器

用4位二进制代码对0~9十个十进制数进行编码的电路，称为二–十进制编码器。二–十进制编码器的真值表如表4.4.2所示。

（1）真值表：

二–十进制编码器的真值表如表4.4.2所示。$I_0 \sim I_9$是十个高电平有效的输入端，输出是4位二进制代码$Y_3Y_2Y_1Y_0$，因此，又将它称为10线–4线编码器。

表4.4.2　二–十进制编码器的真值表

输　入										输　出			
I_0	I_1	I_2	I_3	I_4	I_5	I_6	I_7	I_8	I_9	Y_3	Y_2	Y_1	Y_0
1	0	0	0	0	0	0	0	0	0	0	0	0	0
0	1	0	0	0	0	0	0	0	0	0	0	0	1
0	0	1	0	0	0	0	0	0	0	0	0	1	0
0	0	0	1	0	0	0	0	0	0	0	0	1	1
0	0	0	0	1	0	0	0	0	0	0	1	0	0
0	0	0	0	0	1	0	0	0	0	0	1	0	1
0	0	0	0	0	0	1	0	0	0	0	1	1	0
0	0	0	0	0	0	0	1	0	0	0	1	1	1
0	0	0	0	0	0	0	0	1	0	1	0	0	0
0	0	0	0	0	0	0	0	0	1	1	0	0	1

（2）逻辑函数表达式：

由真值表得到逻辑函数表达式：

$$Y_3=\bar{I_0}\bar{I_1}\bar{I_2}\bar{I_3}\bar{I_4}\bar{I_5}\bar{I_6}\bar{I_7}I_8\bar{I_9}+\bar{I_0}\bar{I_1}\bar{I_2}\bar{I_3}\bar{I_4}\bar{I_5}\bar{I_6}\bar{I_7}\bar{I_8}I_9$$

$$Y_2=\bar{I_0}\bar{I_1}\bar{I_2}\bar{I_3}I_4\bar{I_5}\bar{I_6}\bar{I_7}\bar{I_8}\bar{I_9}+\bar{I_0}\bar{I_1}\bar{I_2}\bar{I_3}\bar{I_4}I_5\bar{I_6}\bar{I_7}\bar{I_8}\bar{I_9}+\bar{I_0}\bar{I_1}\bar{I_2}\bar{I_3}\bar{I_4}\bar{I_5}I_6\bar{I_7}\bar{I_8}\bar{I_9}+\bar{I_0}\bar{I_1}\bar{I_2}\bar{I_3}\bar{I_4}\bar{I_5}\bar{I_6}I_7\bar{I_8}\bar{I_9}$$

$$Y_1=\bar{I_0}\bar{I_1}I_2\bar{I_3}\bar{I_4}\bar{I_5}\bar{I_6}\bar{I_7}\bar{I_8}\bar{I_9}+\bar{I_0}\bar{I_1}\bar{I_2}I_3\bar{I_4}\bar{I_5}\bar{I_6}\bar{I_7}\bar{I_8}\bar{I_9}+\bar{I_0}\bar{I_1}\bar{I_2}\bar{I_3}\bar{I_4}\bar{I_5}I_6\bar{I_7}\bar{I_8}\bar{I_9}+\bar{I_0}\bar{I_1}\bar{I_2}\bar{I_3}\bar{I_4}\bar{I_5}\bar{I_6}I_7\bar{I_8}\bar{I_9} \qquad (4.4.4)$$

$$Y_0=\bar{I_0}I_1\bar{I_2}\bar{I_3}\bar{I_4}\bar{I_5}\bar{I_6}\bar{I_7}\bar{I_8}\bar{I_9}+\bar{I_0}\bar{I_1}\bar{I_2}I_3\bar{I_4}\bar{I_5}\bar{I_6}\bar{I_7}\bar{I_8}\bar{I_9}+\bar{I_0}\bar{I_1}\bar{I_2}\bar{I_3}\bar{I_4}I_5\bar{I_6}\bar{I_7}\bar{I_8}\bar{I_9}+\bar{I_0}\bar{I_1}\bar{I_2}\bar{I_3}\bar{I_4}\bar{I_5}\bar{I_6}I_7\bar{I_8}\bar{I_9}+\bar{I_0}\bar{I_1}\bar{I_2}\bar{I_3}\bar{I_4}\bar{I_5}\bar{I_6}\bar{I_7}\bar{I_8}I_9$$

（3）函数式化简：

利用约束项将式（4.4.4）化简，得到：

$$Y_3=I_8+I_9$$
$$Y_2=I_4+I_5+I_6+I_7$$
$$Y_1=I_2+I_3+I_6+I_7 \qquad (4.4.5)$$
$$Y_0=I_1+I_3+I_5+I_7+I_9$$

将（4.4.5）两次取反，变换形式，得到：

$$Y_3=\overline{\overline{I_8}\,\overline{I_9}}$$
$$Y_2=\overline{\overline{I_4}\,\overline{I_5}\,\overline{I_6}\,\overline{I_7}}$$

$$Y_1=\overline{\overline{I_2}\,\overline{I_3}\,\overline{I_6}\,\overline{I_7}}$$
$$Y_0=\overline{\overline{I_1}\,\overline{I_3}\,\overline{I_5}\,\overline{I_7}\,\overline{I_9}} \tag{4.4.6}$$

（4）逻辑电路图：

二–十进制编码器的逻辑电路图如图4.4.2所示。

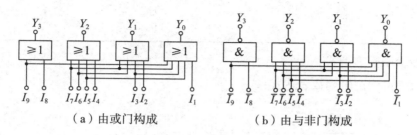

（a）由或门构成　　　　　（b）由与非门构成

图4.4.2　二–十进制编码器

4.4.3　优先编码器

在前面讨论的编码器中，输入信号之间是相互排斥的，一次只允许一个输入信号发出编码请求信号，在数字系统中，常常有多个输入同时发出编码请求，这就要求按照先后次序，依次允许输入端完成操作。识别这类请求信号的优先级别并进行编码的逻辑电路就称为优先编码器。在优先编码器电路中，允许同时输入两个以上的编码请求信号，只对优先级别最高的一个输入信号进行编码。以优先编码器74LS147为例。

（1）真值表：

优先编码器74LS147的真值表如表4.4.3所示。$\overline{I_1} \sim \overline{I_9}$是低电平有效的输入端，输入低电平0表示有编码请求，输入高电平1表示无编码请求。$\overline{I_9}$的优先级别最高，$\overline{I_8}$的优先级别次之，依此类推，$\overline{I_1}$的优先级别最低。输出是4位二进制代码$\overline{Y_3}\,\overline{Y_2}\,\overline{Y_1}\,\overline{Y_0}$。

表4.4.3　优先编码器74LS147的真值表

输　入									输　出			
$\overline{I_1}$	$\overline{I_2}$	$\overline{I_3}$	$\overline{I_4}$	$\overline{I_5}$	$\overline{I_6}$	$\overline{I_7}$	$\overline{I_8}$	$\overline{I_9}$	$\overline{Y_3}$	$\overline{Y_2}$	$\overline{Y_1}$	$\overline{Y_0}$
1	1	1	1	1	1	1	1	1	1	1	1	1
X	X	X	X	X	X	X	X	0	0	1	1	0
X	X	X	X	X	X	X	0	1	0	1	1	1
X	X	X	X	X	X	0	1	1	1	0	0	0
X	X	X	X	X	0	1	1	1	1	0	0	1
X	X	X	X	0	1	1	1	1	1	0	1	0

输 入									输 出			
$\bar{I}_1$	$\bar{I}_2$	$\bar{I}_3$	$\bar{I}_4$	$\bar{I}_5$	$\bar{I}_6$	$\bar{I}_7$	$\bar{I}_8$	$\bar{I}_9$	$\bar{Y}_3$	$\bar{Y}_2$	$\bar{Y}_1$	$\bar{Y}_0$
X	X	X	0	1	1	1	1	1	1	0	1	1
X	X	0	1	1	1	1	1	1	1	1	0	0
X	0	1	1	1	1	1	1	1	1	1	0	1
0	1	1	1	1	1	1	1	1	1	1	1	0

（2）逻辑函数表达式：

由真值表得到逻辑函数表达式：

$$\bar{Y}_3=\overline{\bar{I}_9+\bar{I}_9I_8}$$

$$\bar{Y}_2=\overline{\bar{I}_9\bar{I}_8I_7+\bar{I}_9\bar{I}_8\bar{I}_7I_6+\bar{I}_9\bar{I}_8\bar{I}_7\bar{I}_6I_5+\bar{I}_9\bar{I}_8\bar{I}_7\bar{I}_6\bar{I}_5I_4}$$

$$\bar{Y}_1=\overline{\bar{I}_9\bar{I}_8I_7+\bar{I}_9\bar{I}_8\bar{I}_7I_6+\bar{I}_9\bar{I}_8\bar{I}_7\bar{I}_6\bar{I}_5I_4I_3+\bar{I}_9\bar{I}_8\bar{I}_7\bar{I}_6\bar{I}_5I_4\bar{I}_3I_2}$$

$$\bar{Y}_0=\overline{\bar{I}_9+\bar{I}_9\bar{I}_8I_7+\bar{I}_9\bar{I}_8\bar{I}_7I_6I_5+\bar{I}_9\bar{I}_8\bar{I}_7\bar{I}_6\bar{I}_5I_4I_3+\bar{I}_9\bar{I}_8\bar{I}_7\bar{I}_6\bar{I}_5I_4\bar{I}_3\bar{I}_2I_1}$$

（4.4.7）

（3）逻辑符号及引脚排列图如图4.4.3所示。

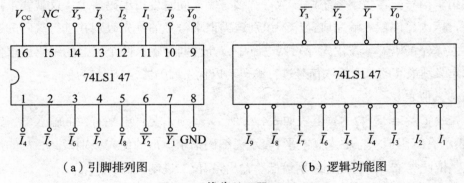

（a）引脚排列图　　　　　　　　（b）逻辑功能图

图4.4.3　优先编码器74LS147

4.5　译码器和数据分配器

译码器是实现代码转换的电路，它的逻辑功能是把输入代码状态的特定含义翻译成对应的输出。译码是编码的反操作。译码器可分为两类，一类是唯一地址译码器，一类是代码变换器。下面将分别分析二进制译码器、二–十进制译码器和显示译码器的工作原理及应用。数据分配器的功能是实现数据的分配，它根据地址信号的要求，将一路数据分配到指定的多个不同输出通道上去的电路。

4.5.1 二进制译码器

1.3位二进制译码器

用2^n个信号对n位二进制代码进行译码的电路，称为二进制译码器。3位二进制译码器的真值表如表4.5.1所示。

（1）真值表。

3位二进制译码器的真值表如表4.5.1所示。输入是3位二进制代码$I_2I_1I_0$，$Y_0 \sim Y_7$是八个高电平有效的输出端，因此，又将它称为3线–8线译码器。

表4.5.1　3位二进制译码器的真值表

输　入			输　出							
I_2	I_1	I_0	Y_7	Y_6	Y_5	Y_4	Y_3	Y_2	Y_1	Y_0
0	0	0	0	0	0	0	0	0	0	1
0	0	1	0	0	0	0	0	0	1	0
0	1	0	0	0	0	0	0	1	0	0
0	1	1	0	0	0	0	1	0	0	0
1	0	0	0	0	0	1	0	0	0	0
1	0	1	0	0	1	0	0	0	0	0
1	1	0	0	1	0	0	0	0	0	0
1	1	1	1	0	0	0	0	0	0	0

（2）逻辑函数表达式。

由真值表得到逻辑函数表达式：

$$\begin{cases} Y_0=\bar{I}_2\bar{I}_1\bar{I}_0 \\ Y_1=\bar{I}_2\bar{I}_1I_0 \\ Y_2=\bar{I}_2I_1\bar{I}_0 \\ Y_3=\bar{I}_2I_1I_0 \\ Y_4=I_2\bar{I}_1\bar{I}_0 \\ Y_5=I_2\bar{I}_1I_0 \\ Y_6=I_2I_1\bar{I}_0 \\ Y_7=I_2I_1I_0 \end{cases} \qquad (4.5.1)$$

（3）逻辑电路图。

3位二进制译码器的逻辑电路图如图4.5.1所示。

2. 集成译码器

（1）真值表：

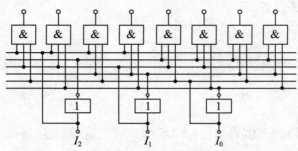

图4.5.1　3位二进制译码器

集成译码器74LS138的真值表如表4.5.2所示。输入是3位二进制代码$A_2A_1A_0$，$\overline{Y}_7 \sim \overline{Y}_0$是八个低电平有效的输出端。$G_1$、$\overline{G_{2A}}$、$\overline{G_{2B}}$（$\overline{G_2} = \overline{G_{2A}} + \overline{G_{2B}}$）为选通控制端。当$G_1$=1、$\overline{G_{2A}} + \overline{G_{2B}}$=0 时，译码器处于工作状态；当$G_1$=0、$\overline{G_{2A}} + \overline{G_{2B}}$=1时，译码器处于禁止状态。$G_1$、$\overline{G_{2A}}$、$\overline{G_{2B}}$被称为使能端。

表4.5.2　集成译码器74LS138的真值表

输　入					输　出							
G_1	$\overline{G_2}$	A_2	A_1	A_0	$\overline{Y}_7$	$\overline{Y}_6$	$\overline{Y}_5$	$\overline{Y}_4$	$\overline{Y}_3$	$\overline{Y}_2$	$\overline{Y}_1$	$\overline{Y}_0$
×	1	×	×	×	1	1	1	1	1	1	1	1
0	×	×	×	×	1	1	1	1	1	1	1	1
1	0	0	0	0	1	1	1	1	1	1	1	0
1	0	0	0	1	1	1	1	1	1	1	0	1
1	0	0	1	0	1	1	1	1	1	0	1	1
1	0	0	1	1	1	1	1	1	0	1	1	1
1	0	1	0	0	1	1	1	0	1	1	1	1
1	0	1	0	1	1	1	0	1	1	1	1	1
1	0	1	1	0	1	0	1	1	1	1	1	1
1	0	1	1	1	0	1	1	1	1	1	1	1

（2）逻辑函数表达式。

由真值表得到逻辑函数表达式：

$$
\begin{cases}
\overline{Y}_0 = \overline{\overline{A_2}\,\overline{A_1}\,\overline{A_0}} \\[4pt]
\overline{Y}_1 = \overline{\overline{A_2}\,\overline{A_1}\,A_0} \\[4pt]
\overline{Y}_2 = \overline{\overline{A_2}\,A_1\,\overline{A_0}} \\[4pt]
\overline{Y}_3 = \overline{\overline{A_2}\,A_1\,A_0} \\[4pt]
\overline{Y}_4 = \overline{A_2\,\overline{A_1}\,\overline{A_0}} \\[4pt]
\overline{Y}_5 = \overline{A_2\,\overline{A_1}\,A_0} \\[4pt]
\overline{Y}_6 = \overline{A_2\,A_1\,\overline{A_0}} \\[4pt]
\overline{Y}_7 = \overline{A_2\,A_1\,A_0}
\end{cases}
\qquad (4.5.2)
$$

（3）逻辑电路图。

集成二进制译码器74LS138的引脚排列图和逻辑功能示意图如图4.5.2所示。

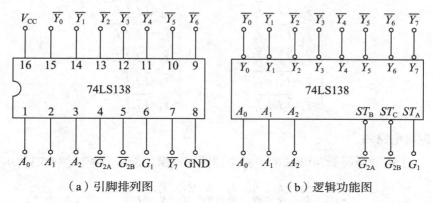

（a）引脚排列图　　　　　　　　（b）逻辑功能图

图4.5.2　**二进制译码器**74*LS*138

4.5.2　二–十进制译码器

二–十进制译码器的逻辑功能是将输入*BCD*的十个代码译成十个高、低电平输出信号。

以集成二–十进制译码器74LS42为例说明二–十进制译码器的逻辑功能。

（1）真值表。

集成二–十进制译码器74*LS*42的真值表如表4.5.3所示。输入是4位二进制代码 $I_3I_2I_1I_0$，$\overline{Y}_9 \sim \overline{Y}_0$是10个低电平有效的输出端，因此，又将它称为4线–10线译码器。

表4.5.3　**二–十进制译码器**74LS42**的真值表**

输　入				输　出									
I_3	I_2	I_1	I_0	$\overline{Y}_0$	$\overline{Y}_1$	$\overline{Y}_2$	$\overline{Y}_3$	$\overline{Y}_4$	$\overline{Y}_5$	$\overline{Y}_6$	$\overline{Y}_7$	$\overline{Y}_8$	$\overline{Y}_9$
0	0	0	0	0	1	1	1	1	1	1	1	1	1
0	0	0	1	1	0	1	1	1	1	1	1	1	1
0	0	1	0	1	1	0	1	1	1	1	1	1	1
0	0	1	1	1	1	1	0	1	1	1	1	1	1
0	1	0	0	1	1	1	1	0	1	1	1	1	1
0	1	0	1	1	1	1	1	1	0	1	1	1	1
0	1	1	0	1	1	1	1	1	1	0	1	1	1
0	1	1	1	1	1	1	1	1	1	1	0	1	1
1	0	0	0	1	1	1	1	1	1	1	1	0	1
1	0	0	1	1	1	1	1	1	1	1	1	1	0

（2）逻辑函数表达式。

由真值表得到逻辑函数表达式：

$$
\begin{cases}
\overline{Y}_0=\overline{\overline{I}_3\overline{I}_2\overline{I}_1\overline{I}_0} \\
\overline{Y}_1=\overline{\overline{I}_3\overline{I}_2\overline{I}_1 I_0} \\
\overline{Y}_2=\overline{\overline{I}_3\overline{I}_2 I_1\overline{I}_0} \\
\overline{Y}_3=\overline{\overline{I}_3\overline{I}_2 I_1 I_0} \\
\overline{Y}_4=\overline{\overline{I}_3 I_2\overline{I}_1\overline{I}_0}
\end{cases}
\qquad
\begin{cases}
\overline{Y}_5=\overline{\overline{I}_3 I_2\overline{I}_1 I_0} \\
\overline{Y}_6=\overline{\overline{I}_3 I_2 I_1\overline{I}_0} \\
\overline{Y}_7=\overline{\overline{I}_3 I_2 I_1 I_0} \\
\overline{Y}_8=\overline{I_3\overline{I}_2\overline{I}_1\overline{I}_0} \\
\overline{Y}_9=\overline{I_3\overline{I}_2\overline{I}_1 I_0}
\end{cases}
\qquad (4.5.3)
$$

（3）逻辑电路图。

集成二–十进制译码器74LS42的引脚排列图和逻辑功能示意图如图4.5.3所示。

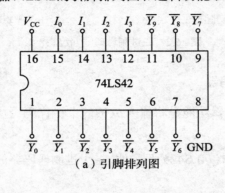

（a）引脚排列图

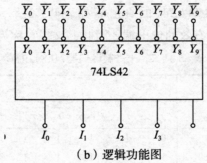

（b）逻辑功能图

图4.5.3 二–十进制译码器74LS42

4.5.3 显示译码器

（1）七段字符显示器

数码显示器是用来显示数字、文字或者符号的器件。数码的显示方式一般有三种：第一种是字形重叠式；第二种是分段式；第三种是点阵式。数字显示方式目前以分段式应用最为普遍。常见的七段字符显示器有半导体数码管LED（Light Emitting Diode）和液晶显示器LCD（Liguid Crystae Display）两种。

LED数码管共阳极与共阴极接法如图4.5.4所示。

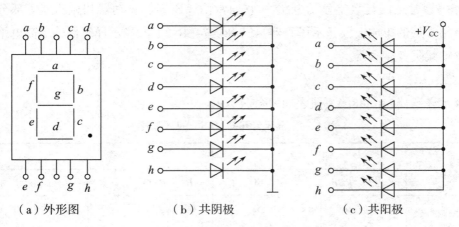

（a）外形图　　　　　（b）共阴极　　　　　（c）共阳极

图4.5.4　*LED*数码管

LED特点：

（1）具有单向导电性，把电能转化成光能；

（2）使用的是磷砷化镓、磷化镓、砷化镓等化合物半导体材料；

（3）电子和空穴复合过程中多余的能量→发光，有普通光、高光、超高光的区分；

（4）正向压降1.6 V、1.8 V、2.0 V、2.2 V等；

（5）发出光的颜色与半导体的使用材料及加入电压的大小相关。有红色、绿色、黄色、蓝色等。

LCD特点：

（1）为保证连续黑色→加交变电压（几十～几百Hz）；

（2）通过异或门实现交变电压；

（3）工作电压低，1 V以下仍能正常工作；

（4）功耗极小，每平方厘米的功耗在1 μW以下；

（5）亮度差，它本身不会发光，靠反射外界光线显示字形；

（6）响应速度低， 10～200 ms。

LCD显示器的结构与符号如图4.5.5所示。

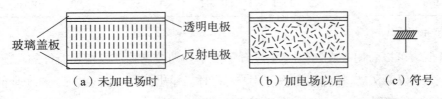

（a）未加电场时　　　　　（b）加电场以后　　　　（c）符号

图4.5.5　*LCD*显示器

（2）集成显示译码器

显示译码器常见的是数字显示电路，它通常由译码器、驱动器和显示器等部分组成。下面介绍常用的集成七段显示译码器74LS48。74LS48七段显示译码器输出高电平有效，用以驱动共阴极显示器。

① 真值表。

七段显示译码器74LS48的真值表如表4.5.4所示。

表4.5.4　显示译码器74LS48的真值表

功能或十进制数	输　　入						输　　出								
	$\overline{LT}$	$\overline{RBI}$	A_3	A_2	A_1	A_0	$\overline{BI}/\overline{RBO}$	a	b	c	d	e	f	g
$\overline{BI}/\overline{RBO}$（灭灯）	×	×	×	×	×	×	0（输入）	0	0	0	0	0	0	0
$\overline{LT}$（灭灯）	0	×	×	×	×	×	1	1	1	1	1	1	1	1
$\overline{RBI}$（动态灭零）	1	0	0	0	0	0	0	0	0	0	0	0	0	0
0	1	1	0	0	0	0	1	1	1	1	1	1	1	0
1	1	×	0	0	0	1	1	0	1	1	0	0	0	0
2	1	×	0	0	1	0	1	1	1	0	1	1	0	1
3	1	×	0	0	1	1	1	1	1	1	1	0	0	1
4	1	×	0	1	0	0	1	0	1	1	0	0	1	1
5	1	×	0	1	0	1	1	1	0	1	1	0	1	1
6	1	×	0	1	1	0	1	0	0	1	1	1	1	1
7	1	×	0	1	1	1	1	1	1	1	0	0	0	0
8	1	×	1	0	0	0	1	1	1	1	1	1	1	1
9	1	×	1	0	0	1	1	1	1	1	0	0	1	1
10	1	×	1	0	1	0	1	0	0	0	1	1	0	1
11	1	×	1	0	1	1	1	0	0	1	1	0	0	1
12	1	×	1	1	0	0	1	0	1	0	0	0	1	1
13	1	×	1	1	0	1	1	1	0	0	1	0	1	1
14	1	×	1	1	1	0	1	0	0	0	1	1	1	1
15	1	×	1	1	1	1	1	0	0	0	0	0	0	0

② 逻辑功能。

由真值表可以看出，在74LS48中设置了三个辅助控制端，以增强器件的功能。

a. 试灯输入端$\overline{LT}$：低电平有效。当$\overline{LT}=0$时，输出a，b，c，d，e，f，g全部为高电平，数码管的七段同时点亮，与输入无关。显示译码器正常工作时，应将此端接高电平。

b. 动态灭零输入端$\overline{RBI}$：低电平有效。当$\overline{LT}=1$、$\overline{RBI}=0$、输入全都等于0时，将本

应显示的0熄灭，输出不显示。

c. 灭灯输入/灭零输出端$\overline{BI}/\overline{RBO}$：这是一个双功能的端钮，既可以作为输入端，也可以作为输出端。当$\overline{BI}/\overline{RBO}$作为输入使用，且$\overline{BI}/\overline{RBO}=0$时，数码管七段全灭，与输入信号$A_3A_2A_1A_0$无关，此时称为灭灯输入端。当$\overline{BI}/\overline{RBO}$作为输出使用时，受控于$\overline{LT}$和$\overline{RBI}$。当$\overline{LT}=1$且$\overline{RBI}=0$时，$\overline{BI}/\overline{RBO}=0$；其他情况下$\overline{BI}/\overline{RBO}=1$，此时称为灭零输出端。

d. 当$\overline{LT}=1$，$\overline{BI}=1$时，译码器工作。当A_3、A_2、A_1、A_0端输入为8421BCD码时，数码显示器显示与输入代码相对应的数字。

③ 逻辑电路图。

集成显示译码器74LS48芯片的引脚排列图和逻辑功能图如图4.5.6所示。

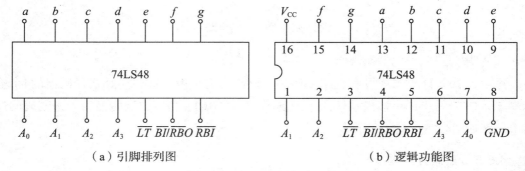

（a）引脚排列图　　　　　　　　　　　（b）逻辑功能图

图4.5.6　显示译码器74LS48

4.5.4　译码器的应用

（1）用二进制译码器实现组合逻辑函数

任一组合逻辑函数都能表示成最小项之和的形式。由二进制译码器工作原理可知，当把输入端作为输入逻辑变量时，输出端就是这几个输入变量的全部最小项。所以，组合逻辑函数可以由二进制译码器加上门电路实现。利用附加门电路可以将最小项组合起来，当译码器输出端为低电平有效时，可选择用与非门实现；当输出端为高电平有效时，可选择或门实现。

【例4.5.1】用一个3线–8线译码器和门电路实现逻辑函数

$$\begin{cases} Z_1=A\oplus B\oplus C \\ Z_2=AC+BC+AB \end{cases} \tag{4.5.4}$$

解：（1）将式（4.5.4）化为最小项之和的形式，得到

$$Z_1=\overline{A}\,\overline{B}C+\overline{A}B\overline{C}+A\overline{B}\,\overline{C}+ABC$$

$$Z_2=\overline{A}BC+A\overline{B}C+AB\overline{C}+ABC \tag{4.5.5}$$

（2）选用3线–8线译码器74LS138，其输出为低电平有效，将式（4.5.5）转换为与非式，得到

$$Z_1 = \overline{\overline{ABC} \cdot \overline{A\overline{B}C} \cdot \overline{A\overline{BC}} \cdot \overline{A\overline{BC}}} = \overline{\overline{Y}_1 \cdot \overline{Y}_2 \cdot \overline{Y}_4 \cdot \overline{Y}_7}$$

$$Z_1 = \overline{\overline{A'BC} \cdot \overline{A\overline{BC}} \cdot \overline{A\overline{BC}} \cdot \overline{ABC}} = \overline{\overline{Y}_3 \cdot \overline{Y}_5 \cdot \overline{Y}_6 \cdot \overline{Y}_7} \qquad (4.5.6)$$

（3）画逻辑电路图。

根据式（4.5.6）画出的电路连线图如图4.5.7所示。

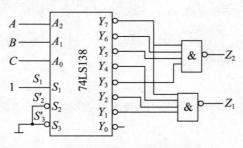

图4.5.7 例4.5.1的电路

（2）用二进制译码器实现码制的变换

用4线–16线译码器还可实现BCD码到十进制码的变换。选4线–16线译码器的4个输入端输入BCD码，10个输出端输出十进制码。8421BCD码和余3码转换为十进制码的逻辑电路图如图4.5.8，4.5.9所示。

4.5.5 数据分配器

数据分配器是将公共数据线上的信号根据需要送到多个不同通道上去的逻辑电路。其功能与数据选择器正好相反。图 4.5.10是数据分配器的示意图。数据分配器根据输出的个数不同，可分为一路——四路数据分配器和一路——八路数据分配器等。二进制译码器把选通控制端作为数据输入端，把二进制代码输入端作为选择控制端就可以当作数据分配器使用。数据分配器的输入端只有1个，输出端有2^n个。

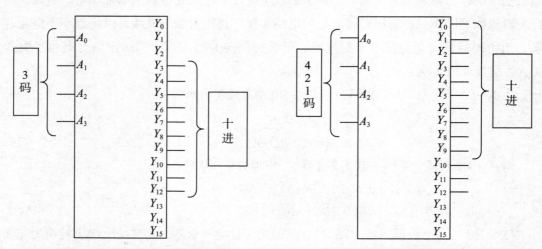

图4.5.8 8421码转换为十进制码   图4.5.9 余3码转换为十进制码

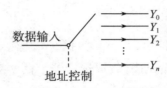

图 4.5.10　数据分配器示意图

图4.5.11所示是用74LS138译码器作为数据分配器的逻辑原理图，其中译码器的ST_A作为使能端，ST_B接低电平，输入$A_0 \sim A_2$作为地址端，ST_C作为数据输入，从$\overline{Y_7} \sim \overline{Y_0}$分别得到相应的输出。

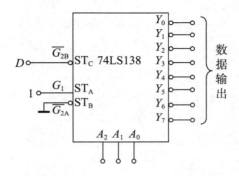

图4.5.11　由74LS138构成的数据分配器

4.6　数据选择器

数据选择器是指经过选择，把多个通道的数据传送到唯一的公共数据通道上去的逻辑电路。图4.6.1为数据选择器的示意图。数据选择器是将一路输入信号变为多路输出信号的电路。

数据选择器是能够根据选择控制信号——地址代码，决定从多路数字输入数据中选择出一路数据作为输出。数据选择器的输入端为2^n个，输出端为1个。根据输入端的个数不同，数据选择器可分为4选1数据选择器、8选1数据选择器等。

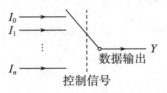

图 4.6.1　数据选择器示意图

4.6.1　4选1数据选择器

以集成双4选1数据选择器74LS153 为例，说明4选1数据选择器的工作原理。74LS153里包含两个完全相同的4选1数据选择器。两个数据选择器有公共的地址输入端，数据输入端、输出端和附加控制端是各自独立的。

（1）真值表。

双4选1数据选择器74LS153真值表如表4.6.1所示。选通控制端$\overline{S}$为低电平有效，即$\overline{S}=0$时芯片被选中，处于工作状态；$S=1$时芯片被禁止，$Y\equiv0$。

表4.6.1　双4选1数据选择器74LS153真值表

输　入							输　出
$\overline{S}$	A_1	A_0	D_3	D_2	D_1	D_0	Y
1	×	×	×	×	×	×	0
0	0	0	×	×	×	×	D_0
0	0	1	×	×	×	×	D_1
0	1	0	×	×	×	×	D_2
0	1	1	×	×	×	×	D_3

（2）逻辑表达式。

$$Y=(D_0\overline{A}_1\overline{A}_0+D_1\overline{A}_1A_0+D_2A_1\overline{A}_0+D_3A_1A_0)\cdot S \qquad (4.6.1)$$

（3）逻辑图。

双4选1数据选择器74LS153的引脚排列图和逻辑功能图如图4.6.2所示。

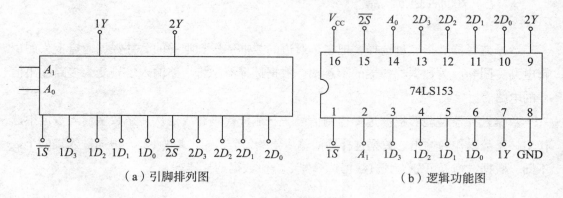

（a）引脚排列图　　　　　　　（b）逻辑功能图

图4.6.2　双4选1数据选择器74LS153

4.6.2　8选1数据选择器

以集成8选1数据选择器74LS151为例，说明8选1数据选择器的工作原理。

（1）真值表。

表4.6.2　8选1数据选择器74LS151真值表

输　　　入					输　　　出	
D	A_2	A_1	A_0	$\overline{ST}$	Y	$\overline{Y}$
×	×	×	×	1	0	1
D_0	0	0	0	0	D_0	$\overline{D_0}$
D_1	0	0	1	0	D_1	$\overline{D_1}$
D_2	0	1	0	0	D_2	$\overline{D_2}$
D_3	0	1	1	0	D_3	$\overline{D_3}$
D_4	1	0	0	0	D_4	$\overline{D_4}$
D_5	1	0	1	0	D_5	$\overline{D_5}$
D_6	1	1	0	0	D_6	$\overline{D_6}$
D_7	1	1	1	0	D_7	$\overline{D_7}$

8选1数据选择器74LS151真值表如表4.6.2所示。选通控制端$\overline{ST}$为低电平有效，即$\overline{ST}=0$时芯片被选中，处于工作状态；$\overline{ST}=1$时芯片被禁止，$Y\equiv0$。

（2）逻辑表达式。

$$Y=D_0\overline{A_2}\,\overline{A_1}\,\overline{A_0}+D_1\overline{A_2}\,\overline{A_1}A_0+D_2\overline{A_2}A_1\overline{A_0}+D_3\overline{A_2}A_1A_0+D_4A_2\overline{A_1}\,\overline{A_0}+D_5A_2\overline{A_1}A_0+D_6A_2A_1\overline{A_0}+D_7A_2A_1A_0$$

$$(4.6.1)$$

（3）逻辑图 。

8选1数据选择器74LS151 的引脚排列图和逻辑功能图如图4.6.3所示。

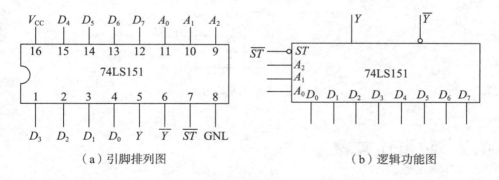

（a）引脚排列图　　　　　　　　　　（b）逻辑功能图

图4.6.3　8选1数据选择器74LS151

4.6.3　数据选择器的应用

任一组合逻辑函数都能表示成最小项之和的形式。由数据选择器的工作原理可知数据选择器的输出逻辑函数式包含了地址变量的全部最小项，且具有标准与或表达式的形式。数据输入端Di可以当作输入变量处理。所以，利用具有N位地址输入的数据选择器可以设计并实现输入变量数小于等于$N+1$的组合逻辑函数。

用数据选择器实现组合逻辑函数的步骤如下。

（1）选用数据选择器；

（2）确定地址变量；

（3）求Di；

（4）画连线图。

【例4.6.1】试用八选一数据选择器74LS151实现逻辑函数

$$Y=A\overline{B}\,\overline{C}+\overline{A}B\,C+\overline{A}\,\overline{B} \qquad (4.6.2)$$

解：（1）将式（4.6.2）化为最小项之和的形式，得到

$$Y=A\overline{B}\,\overline{C}+\overline{A}BC+\overline{A}\,\overline{B}C+\overline{A}\,\overline{B}\,\overline{C} \qquad (4.6.3)$$

（2）八选一数据选择器的输出逻辑函数表达式为

$$Y=\overline{A_2}\,\overline{A_1}\,\overline{A_0}\,D_0+\overline{A_2}\,\overline{A_1}\,A_0 D_1+\overline{A_2}\,A_1\,\overline{A_0}\,D_2+\overline{A_2}\,A_1 A_0 D_3+A_2\overline{A_1}\,\overline{A_0}\,D_4+A_2\,\overline{A_1}\,A_0 D_5+A_2 A_1\overline{A_0}$$
$$D_6+A_2 A_1 A_0 D_7 \qquad (4.6.4)$$

（3）若将式（4.6.4）中A_2、A_1、A_0用A、B、C来代替，$D_0=D_1=D_3=D_4=1$，$D_2=D_5=D_6=D_7=0$。

（4）画出该逻辑函数的逻辑图，如图4.6.4所示。

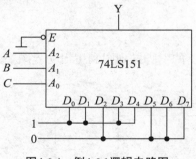

图4.6.4　例4.6.1逻辑电路图

4.7　数值比较器

在各种数字系统尤其是在计算机中，经常需要对两个二进制数进行大小判别，然后根据判别结果转向执行某种操作。用来完成两个二进制数的大小比较的逻辑电路称为数值比较器。比较结果有$A>B$、$A<B$以及$A=B$三种情况。

4.7.1　1位数值比较器

1位数值比较器是多位数值比较器的基础。

（1）真值表。

当A和B都是1位数时，他们只能取0或者1两种值。A和B相比较时有三种可能：① $A>B$时$Y_1=1$；② $A<B$时$Y_2=1$；③ $A=B$时$Y_3=1$。1位数值比较器的真值表如表4.7.1所示。

表4.7.1　1位数值比较器真值表

A	B	Y_1（$A>B$）	Y_2（$A<B$）	Y_3（$A=B$）
0	0	0	0	0
0	1	0	1	0
1	0	1	0	0
0	0	0	0	1

（2）逻辑函数表达式。

由表4.7.1得1位数值比较器的输出：

$$Y_1=A\overline{B}$$
$$Y_2=\overline{A}B \qquad\qquad (4.7.1)$$
$$Y_3=\overline{A}\,\overline{B}+AB=\overline{A\overline{B}+\overline{A}B}$$

（3）逻辑电路图。

1位数值比较器逻辑电路图如图4.7.1所示。

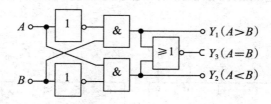

图4.7.1　1位数值比较器逻辑电路图

4.7.2　多位数值比较器

以集成4位数值比较器74LS85，说明多位数值比较器的工作原理。

（1）真值表。

真值表中的输入变量包括A_3与B_3、A_2与B_2、A_1与B_1、A_0与B_0和A与B的比较结果，$A>B$、$A<B$和$A=B$。A与B是另外两个低位数，设置低位数比较结果输入端，是为了能与其他数值比较器连接，以便组成更多位数的数值比较器。3个输出信号Y（$A>B$）、Y（$A>B$）和Y（$A=B$）分别表示本级的比较结果。

（2）逻辑函数表达式。

4位二进制数值相比较时，只考虑比较输入，不考虑级联输入由真值表4.7.2可得Y（$A>B$），Y（$A<B$），Y（$A=B$）的函数表达式（4.7.2）。

（3）逻辑电路图4位数值比较器74LS85、CC14585逻辑电路图如图4.7.2所示。

$$Y_{(A<B)} = \overline{A_3}B_3 + \overline{A_3 \oplus B_3}\,\overline{A_2}B_2 + \overline{A_3 \oplus B_3}\,\overline{A_2 \oplus B_2}\,\overline{A_1}B_1 + \overline{A_3 \oplus B_3}\,\overline{A_2 \oplus B_2}\,\overline{A_1 \oplus B_1}\,\overline{A_0}B_0$$

$$Y_{(A=B)} = \overline{\overline{A_3 \oplus B_3}\,\overline{A_2 \oplus B_2}\,\overline{A_1 \oplus B_1}\,\overline{A_0 \oplus B_0}}$$

$$Y_{(A>B)} = \overline{Y_{(A<B)}} + \overline{Y_{(A=B)}} \qquad\qquad (4.7.2)$$

表4.7.2　4位数值比较器74LS85真值表

比较输入				级联输入			输出		
A_3B_3	A_2B_2	A_1B_1	A_0B_0	$I(A>B)$	$I(A<B)$	$I(A=B)$	$Y(A>B)$	$Y(A<B)$	$Y(A=B)$
$A_3>B_3$	×	×	×	×	×	×	1	0	0
$A_3<B_3$	×	×	×	×	×	×	0	1	0
$A_3=B_3$	$A_2>B_2$	×	×	×	×	×	1	0	0
$A_3=B_3$	$A_2<B_2$	×	×	×	×	×	0	1	0
$A_3=B_3$	$A_2=B_2$	$A_1>B_1$	×	×	×	×	1	0	0
$A_3=B_3$	$A_2=B_2$	$A_1<B_1$	×	×	×	×	0	1	0
$A_3=B_3$	$A_2=B_2$	$A_1=B_1$	$A_0>B_0$	×	×	×	1	0	0
$A_3=B_3$	$A_2=B_2$	$A_1=B_1$	$A_0<B_0$	×	×	×	0	1	0
$A_3=B_3$	$A_2=B_2$	$A_1=B_1$	$A_0=B_0$	1	0	0	1	0	0
$A_3=B_3$	$A_2=B_2$	$A_1=B_1$	$A_0=B_0$	0	1	0	0	1	0
$A_3=B_3$	$A_2=B_2$	$A_1=B_1$	$A_0=B_0$	0	0	1	0	0	1

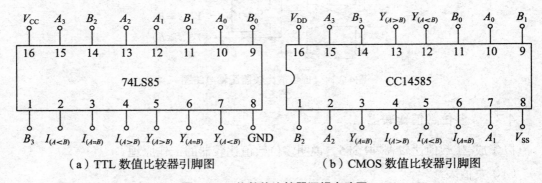

（a）TTL 数值比较器引脚图　　　　　　　（b）CMOS 数值比较器引脚图

图4.7.2　4位数值比较器逻辑电路图

4.8　组合逻辑电路中的竞争冒险

组合逻辑电路中信号从输入到输出的过程中，由于不同通路上门电路的个数不同，门电路的传输延迟时间也不同，这就可能会使逻辑电路的输出出现尖峰干扰脉冲，产生错误的输出。这种现象就称为竞争冒险。

4.8.1 产生竞争冒险的原因

逻辑门的两个输入信号同时向相反的逻辑电平变化，称为"竞争"，逻辑门因"竞争"而可能在输出产生尖峰脉冲的现象，称为"竞争–冒险"。

组合逻辑电路中竞争冒险现象主要是由于门电路两个互补的输入信号分别经过两条不同的路径传输，由于延迟时间不同产生的。如图4.8.1所示。

4.8.2 冒险的分类

冒险主要分为"1"型冒险和"0"型冒险两类。

如图4.8.1（a）所示使输出出现高电平窄脉冲，这种冒险也称为"1"型冒险。如图4.8.1（b）所示使输出出现低电平窄脉冲，这种冒险称为"0"型冒险。

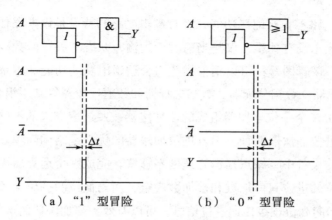

图4.8.1 波形图

4.8.3 冒险现象的判别

在组合逻辑函数中，是否存在冒险现象，可通过逻辑函数来判别。如根据组合逻辑电路写出的输出逻辑函数在一定条件下可简化成式（4.8.1）两种形式时，则该组合逻辑电路存在冒险现象，即只要输出端的逻辑函数在一定条件下能简化成

$$Y=A+\overline{A}或Y=A \cdot \overline{A} \tag{4.8.1}$$

则可出现竞争—冒险现象。

【例4.8.1】试判断逻辑函数式$Y=\overline{A}B+AC$是否存在竞争冒险现象

解：在$B=C=1$的条件下，逻辑函数式将成为

$$Y=A+\overline{A}$$

所以，逻辑函数式$Y=\overline{A}B+AC$存在竞争冒险现象。

4.8.4 消除冒险现象的方法

（1）接入滤波电容。

尖峰脉冲很窄，用很小的电容就可将尖峰削弱到VTH以下。

（2）引入选通脉冲。

取选通脉冲作用时间，在电路达到稳定之后，P的高电平期的输出信号不会出现尖峰。

（3）修改逻辑设计（增加冗余项）。

将例4.8.1中的逻辑函数式增加一冗余项BC，变为$Y=\overline{A}B+AC+BC$，则逻辑函数式在一定条件下不能简化成$Y=A+\overline{A}$或$Y=A \cdot \overline{A}$，不会引起竞争冒险现象

本章小结

1. 组合逻辑电路不具有记忆功能，组合逻辑电路的特点是该电路任一时刻的输出状态与电路原来的状态没有关系，仅与当前时刻的输入状态有关。函数表达式、真值表、卡诺图、波形图、逻辑图等都可以用来描述组合逻辑电路的功能。本章主要介绍了加法器、编码器、译码器、数据分配器、数据选择器和数值比较器等常用组合逻辑电路。

2. 加法器是由多个一位全加器组成的。加法器按照进位方式的不同，可分为串行进位加法器和超前进位加法器两种。串行进位加法器的优点是结构简单，可以运用在对运算速度要求不高的设备中；缺点是运算速度不够快，完成整个运算所需时间较长。超前进位加法器中每位的进位只由加数和被加数决定，而与低位的进位无关。在运算时无须等待从最低位开始向高位逐级传递进位信号，可以有效提高加法器的运算速度。

3. 目前经常使用的编码器分为普通编码器和优先编码器两大类。普通编码器每次只允许一个输入端发出编码请求，否则会发生混乱。优先编码器可以多个输入端同时发出编码请求，对优先权最高的一个进行编码。

4. 常用的译码电路有二进制译码器、二-十进制译码器和显示译码器三类。数据分配器是将公共数据线上的信号根据需要送到多个不同通道上去的逻辑电路。其功能与数据选择器正好相反。数据分配器根据输出的个数不同，可分为一路——四路数据分配器和一路——八路数据分配器等。数据选择器是指经过选择，把多个通道的数据传送到唯一的公共数据通道上去的逻辑电路。根据输入端的个数不同，数据选择器可分为4选1数据选择器、8选1数据选择器等。

5. 加法器、译码器、数据分配器、数据选择器都可用于组合逻辑电路的设计。组合逻辑电路的设计就是根据给定的实际逻辑问题，确定实现该逻辑功能的最简逻辑电路。

6. 组合逻辑电路中竞争冒险现象主要是由于门电路两个互补的输入信号分别经过两条不同的路径传输，由于延迟时间不同产生的。如果负载电路对尖峰脉冲敏感，就要采取措施，消除竞争冒险现象。消除竞争冒险现象的方法有三种：接入滤波电容；引入选

通脉冲；修改逻辑设计，即增加冗余项。

思考题

（1）组合逻辑电路的基本特点有哪些？

（2）分析组合逻辑电路的步骤是什么？

（3）设计组合逻辑电路的步骤是什么？

（4）常用的编码器有哪些类型？

（5）用译码器表示逻辑函数的步骤是什么？

（6）LED显示器和LCD显示器各自的特点是什么？

（7）串行进位加法器与超前进位加法器有何不同？它们各有何优缺点？

（8）数据分配器、数据选择器、数值比较器的基本功能各是什么？

（9）什么是竞争冒险现象？如何判断在电路中是否存在竞争冒险现象？

（10）消除竞争冒险现象的方法有什么？

练习题

［题4.1］分析图P4.1所示电路的逻辑功能。

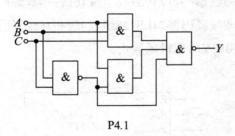

P4.1

［题4.2］分析图P4.2所示电路的逻辑功能。

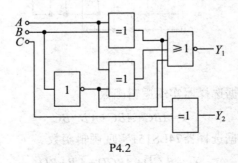

P4.2

［题4.3］设计一个三变量的表决器电路。当决议有2人或者2人以上同意通过，则决议通过，否则决议不通过。

［题4.4］设计一个代码转换电路，输入为4位二进制BCD码，输出为5411码。

［题4.5］用一片4位加法器74LS283将8421码转换为余3码。

［题4.6］用一片3线–8线译码器74LS138和门电路实现逻辑函数

$$\begin{cases} Y_1=ABC+A\overline{B}C+\overline{A}C \\ Y_2=AC+BC+\overline{A}B \\ Y_3=AB\overline{C}+\overline{A}\,\overline{B}C+\overline{B}\,\overline{C} \end{cases}$$

［题4.7］写出图P4.7中Z_1、Z_2的逻辑函数式，并化简为最简的与或表达式。

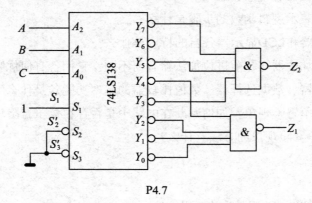

P4.7

［题4.8］用两片8线—3线编码器74LS148组成16线—4线编码器。

［题4.9］用两片3线—8线译码器74LS138组成4线—16线译码器。

［题4.10］写出图P4.10中Y的逻辑函数式。

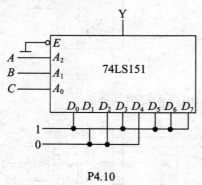

P4.10

［题4.11］用4选一数据选择器实现逻辑函数

$$Y=A\overline{B}C+\overline{A}B\overline{C}+\overline{A}\,\overline{B}+BC$$

［题4.12］用8选一数据选择器74LS151实现逻辑函数

$$Y=A\overline{B}\,\overline{CD}+\overline{A}BCD+\overline{A}\,\overline{B}+BD$$

［题4.13］用两片4位数值比较器74LS85组成8位数值比较器。

［题4.14］试判断逻辑函数式$Y=(A+B)\cdot(\overline{A}+C)$是否存在竞争冒险现象。

5　集成触发器

本章主要介绍数字电路中另一种基本单元电路——触发器，首先介绍触发器的基本特点，然后介绍常见的不同电路结构特点或不同控制方式的触发器的工作原理和逻辑功能，同时还介绍部分不同逻辑功能触发器之间逻辑功能的转换。

5.1　概　述

前面介绍的门电路在某一时刻的输出信号完全取决于该时刻的输入信号，它没有记忆功能。而在数字系统中，要经常用到能存储二进制数字信息的电路，触发器就是为此而设计的能够保存一位二值信息的基本逻辑单元电路。

由于二进制信号有0和1两种取值，为了实现对一位二进制信号的记忆功能，要求触发器必须具备以下最基本的特点：

（1）具有两个能自行保持的稳定状态，用来表示逻辑状态的0和1，或二进制数的0和1；

（2）根据不同的输入信号，可以将电路的状态设置成1状态或0状态；

（3）输入信号消失后，能够将获得的新状态保存（即记忆）下来。

触发器由门电路组成，它有一个或多个输入端，有两个互补输出端，分别用Q和$\overline{Q}$表示。通常用Q端的输出状态来表示触发器的状态。当$Q=1$、$\overline{Q}=0$时，称为触发器的1状态，记$Q=1$；当$Q=0$、$\overline{Q}=1$时，称为触发器的0状态，记$Q=0$。这两个状态和二进制数码的1和0对应。

触发器的逻辑功能用特性表、特性方程、状态转换图和波形图（又称时序图）来描述。

触发器可以根据不同的方法进行分类。① 根据电路结构的不同，触发器可分为基本RS触发器、同步触发器、主从触发器和边沿触发器等；② 根据逻辑功能的不同，触发器可分为RS触发器、JK触发器、D触发器、T和T′触发器等；③ 根据触发方式的不同，触发器可分为电平触发器、主从触发器和边沿触发器等。

5.2 基本RS触发器

基本RS触发器是各种触发器的基础，即其他触发器都是在此基础上发展演变而来的，因此，先介绍基本RS触发器。

5.2.1 电路结构和逻辑符号

门电路虽然没有记忆功能，但将两个与非门G_1、G_2交叉耦合起来，组成如图5.2.1（a）所示的形式，这便构成了一个具有记忆功能的最简单的逻辑单元，称之为基本RS触发器。图（b）为它的逻辑符号。由图可以看出，它有两个输入端$\overline{S}$、$\overline{R}$，非号表示输入有效信号为低电平（即负脉冲），在逻辑符号中用输入端加小圆圈表示；有两个输出端Q和$\overline{Q}$，在正常情况下，Q与$\overline{Q}$总是自行保持互非状态。

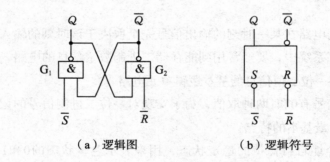

（a）逻辑图　　　　　　　（b）逻辑符号

图5.2.1　用与非门组成的基本RS触发器

5.2.2 工作原理

根据输入信号$\overline{R}$、$\overline{S}$的不同状态组合，触发器的输出与输入之间的关系有4种情况，现分析如下。

（1）当$\overline{R}=0$、$\overline{S}=1$时，触发器置0。由于$\overline{R}=0$，不论原来Q为0还是1，都有$\overline{Q}=1$；再由$\overline{S}=1$、$\overline{Q}=1$可得$Q=0$。即不论触发器原来处于什么状态都将变成0状态，这种情况称将触发器置0或复位。$\overline{R}$端称为触发器的置0端或复位端，低电平有效。

（2）当$\overline{R}=1$、$\overline{S}=0$时，触发器置1。由于$\overline{S}=0$，不论原来Q为0还是1，都有$Q=1$；再由$\overline{R}=1$、$Q=1$可得$\overline{Q}=0$。即不论触发器原来处于什么状态都将变成1状态，这种情况称将触发器置1或置位。$\overline{S}$端称为触发器的置1端或置位端，也是低电平有效。

（3）当$\overline{R}$=1、$\overline{S}$=1时，触发器保持原状态不变。如触发器原处于Q=0、$\overline{Q}$=1的0状态时，则Q=0反馈到G_2的输入端，G_2因输入有低电平0，输出$\overline{Q}$=1；$\overline{Q}$=1又反馈到G_1的输入端，G_1输入都为高电平1，输出Q=0。因此电路保持0状态不变。

如触发器原处于Q=1的1状态时，则电路同样能保持1状态不变。

触发器保持原有状态不变，即原来的状态被触发器存储起来，这体现了触发器具有记忆能力。

（4）当$\overline{R}$=0、$\overline{S}$=0时，触发器状态不定。显然，这时触发器输出Q=$\overline{Q}$=1，这与触发器要求的互非输出是相矛盾的。而且与非门延迟时间不可能完全相等，当加在两与非门输入端的0同时撤除后，触发器输出将不能确定是处于1状态还是0状态。所以触发器不允许出现这种情况，这就是基本RS触发器的约束条件。

5.2.3 逻辑功能表示

下面先介绍两个名词。Q^n（现态），是指触发器接收输入信号之前的状态，也就是触发器原来的稳定状态。Q^{n+1}（次态），是指触发器接收输入信号之后所处的新的稳定状态。

通常在分析触发器的逻辑功能时，用多种方法来表示其逻辑功能，常用的有特性表、特性方程、状态转换图和波形图（又称时序图）。下面对基本RS触发器的逻辑功能分别用这4种方法来表示。

（1）特性表

表示触发器次态Q^{n+1}与输入信号和现态Q^n之间关系的真值表称作特性表。因此，上述基本RS触发器的逻辑功能可用表5.2.1所示的特性表来表示。

表5.2.1 用与非门组成的基本RS触发器的特性表

$\overline{S}$	$\overline{R}$	Q^n	Q^{n+1}	说明
1	1	0	0	状态保持不变
1	1	1	1	
0	1	0	1	置1
0	1	1	1	
1	0	0	0	置0
1	0	1	0	
0	0	0	1*	$\overline{S}$、$\overline{R}$端信号同时撤除后状态不定
0	0	1	1*	

（2）特性方程

表示触发器次态Q^{n+1}与输入信号和现态Q^n之间关系的逻辑表达式称作特性方程。

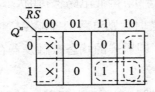

图5.2.2　Q^{n+1}的卡诺图

写基本RS触发器的特性方程时，可先由其特性表5.2.1画出Q^{n+1}的卡诺图，如图5.2.2所示，然后充分利用约束条件（RS=0——由$\overline{R}$、$\overline{S}$不能同时为0得出）化简，最后列出经卡诺图化简后的逻辑函数表达式，即为基本RS触发器的特性方程：

$$\begin{cases} Q^{n+1}=S+\overline{R}Q^n \\ RS=0 \text{（约束条件）} \end{cases} \tag{5.2.1}$$

（3）状态转换图

状态转换图是用图形形象地表明了触发器状态的转换规律，它表示触发器从一个状态变化到另一个状态或保持原状态不变时，对输入信号提出的要求。由特性表5.2.1可画出基本RS触发器的状态转换图如图5.2.3所示。图中圆圈内的数码0和1表示触发器的两种状态；箭头表示状态转换的方向；箭头线旁$\overline{R}$、$\overline{S}$的状态表示状态转换的条件，其中×表示可以是0或1。

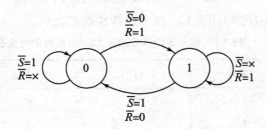

图5.2.3　基本RS触发器的状态转换图

（4）时序图

时序图是用波形来反映触发器输入信号与输出信号之间的关系的。通常是在给定输入波形的情况下，画出与之对应的输出波形（由触发器的现态决定）。基本RS触发器的波形图可根据特性表、特性方程和状态转换图中任一种画出。

例如，已知$\overline{S}$和$\overline{R}$的波形如图5.2.4中所示，触发器的初始状态为$Q=0$，就可以根据特性表5.2.1画出基本RS触发器输出端Q和$\overline{Q}$的波形图。

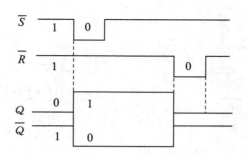

图5.2.4　基本RS触发器的时序图

　　触发器逻辑功能的以上4种表示方法是同一逻辑关系的不同表示，它们之间可以互相转换，在实际分析中，4种方法可根据实际情况灵活选用。

　　基本RS触发器也可以由两个交叉耦合的或非门组成，其电路结构、逻辑功能分析及与上述用与非门组成的基本RS触发器的区别之处，留作练习，自己完成。

5.2.4　基本RS触发器的动作特点

　　在基本RS触发器中，输入信号直接加在输出门上，所以输入信号在全部作用时间里（即$\overline{S}$或$\overline{R}$为0的全部时间），都能直接改变输出端的状态，这就是基本RS触发器的动作特点。

5.3　同步RS触发器

　　前面介绍的基本RS触发器的状态转换过程是直接由输入信号控制的。而在实际中常常要求系统中的某些触发器在规定的同一时刻按各自输入信号所决定的状态触发翻转，这就需要给触发器加入同步控制信号。通常将这一同步控制信号叫时钟脉冲信号，简称时钟信号，用CP（Clock Pulse的缩写）表示，把受时钟脉冲控制的触发器统称为时钟触发器，同步RS触发器就是其中最简单的一种。

5.3.1　电路结构和逻辑符号

　　同步RS触发器的电路结构如图5.3.1（a）所示，图（b）为它的逻辑符号。由图（a）可见，该触发器包括两部分：G_3、G_4组成控制门电路，时钟信号CP和输入信号R，S由控制门输入；G_1、G_2组成基本RS触发器，其输入信号为控制门的输出。

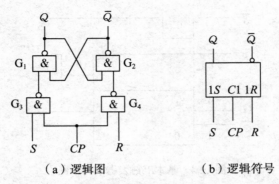

（a）逻辑图　　　　　　　（b）逻辑符号

图5.3.1　同步RS触发器

5.3.2　工作原理

（1）当$CP=0$时，G_3、G_4门被封锁，都输出1，相当于由G_1、G_2组成的基本RS触发器的输入$\overline{R}=1$、$\overline{S}=1$，这时不管R端和S端的信号如何变化，触发器的状态保持不变。

（2）当$CP=1$时，G_3、G_4门打开，输入信号R、S通过G_3、G_4反相后作用于G_1、G_2，触发器按照基本RS触发器的逻辑关系工作。

5.3.3　逻辑功能表示

（1）特性表

由工作原理分析可以看出，同步RS触发器只在$CP=1$期间才接收输入信号，且工作情况与基本RS触发器相同，因此，它的特性表如表5.3.1所示。

表5.3.1　同步RS触发器的特性表

CP	S	R	Q^n	Q^{n+1}	说明
0	×	×	×	Q^n	输出状态不变
1	0	0	0	0	输出状态不变
1	0	0	1	1	输出状态不变
1	1	0	0	1	输出状态和S端
1	1	0	1	1	相同（置1）
1	0	1	0	0	输出状态和S端
1	0	1	1	0	相同（置0）
1	1	1	0	1^*	CP脉冲过后输
1	1	1	1	1^*	出状态不定

（2）特性方程

根据特性表5.3.1可得同步RS触发器的特性方程为

$$\begin{cases} Q^{n+1}=S+\overline{R}Q^n \\ RS=0（约束条件） \end{cases} \qquad （CP=1有效） \tag{5.3.1}$$

（3）状态转换图

根据特性表5.3.1可画出同步RS触发器的状态转换图如图5.3.2所示。

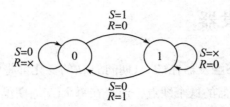

图5.3.2　同步RS触发器的状态转换图

（4）时序图

若给定CP、R、S的波形，并设初态$Q=0$时，可画出同步RS触发器的时序图如图5.3.3所示。由图可见，在$CP=0$时，输出状态保持不变。

在第1个CP高电平期间先是$S=1$、$R=0$，输出被置成$Q=1$。随后输入变成了$S=R=0$，因而输出状态保持不变。最后输入又变为$S=0$、$R=1$，将输出置成$Q=0$。

在第2个CP高电平期间若$S=R=0$，则触发器的输出状态应保持不变。但由于在此期间S端出现了一个干扰脉冲，因而触发器被置成了$Q=1$。

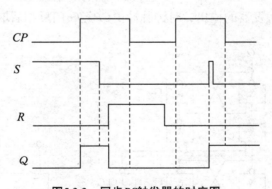

图5.3.3　同步RS触发器的时序图

5.3.4　同步RS触发器的特点

（1）时钟电平控制。在CP=1期间接收输入信号，在这期间里S和R的变化都将引起触发器输出端状态的变化；CP=0时状态保持不变，因此，这种触发器的触发翻转只是被控制在一个时间间隔内，而不是控制在某一时刻进行。

（2）R、S之间有约束。不允许出现R和S同时为1的情况，否则会使触发器处于不确定的状态。

（3）在CP=1期间，如同步RS触发器的输入信号发生多次变化，则触发器的输出状态也会相应的发生多次变化，这种现象称为触发器的空翻。同步触发器由于存在空翻，不能用于计数器、移位寄存器和存储器，只能用于数据锁存。

5.4　主从触发器

由上节可知，同步RS触发器在CP=1期间S和R的变化都将引起触发器输出端状态的变化。为了克服同步触发器的这个缺点，使得在每个CP周期里输出端的状态只能改变一次，以提高触发器工作的可靠性。因此，在同步RS触发器的基础上设计出了主从结构触发器。主从触发器由两级触发器构成，其中一级接收输入信号，称为主触发器；另一级的输入与主触发器的输出连接，称为从触发器。

5.4.1　主从RS触发器

（1）电路结构和逻辑符号

主从RS触发器的电路结构如图5.4.1（a）所示，图（b）为它的逻辑符号。由图可以看出，它是由两个相同的同步RS触发器组成的，只是两者的CP脉冲相位相反。其中$G_5 \sim G_8$组成主触发器，输入信号R、S和时钟信号CP由主触发器加入；$G_1 \sim G_4$组成从触发器，其输入信号为主触发器的输出，时钟脉冲由CP经G_9门反相后取得。

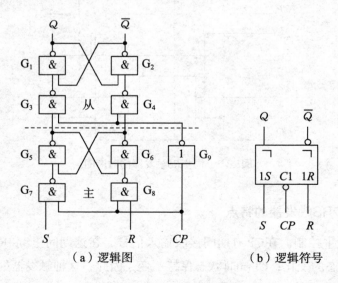

（a）逻辑图　　　　（b）逻辑符号

图5.4.1　主从RS触发器

（2）工作原理

① 当$CP=1$时，主触发器控制门G_7、G_8打开，接收输入信号R、S，主触发器根据R、S的状态而翻转；与此同时，CP经过反相器G_9加到从触发器的控制门G_3、G_4，$\overline{CP}=0$，所以从触发器不动作，输出保持原来的状态不变。

② 当CP由1变0之后，主触发器控制门G_7、G_8被封锁，主触发器将维持前一时刻（即$CP=1$）的状态不变，而无论R、S是什么状态。与此同时，$\overline{CP}=1$，从触发器控制门G_3、G_4被打开，从触发器将按照主触发器的输出状态而翻转，即从触发器接受前一时刻（$CP=1$）存入主触发器的信号，从而更新状态。

纵上可见，主从RS触发器工作时，在CP的一个变化周期内分两个阶段完成：第一步，在$CP=1$期间，主触发器工作，将输入信号存入其中，而从触发器不工作，保持原来状态；第二步，当CP的下降沿（CP由1变0）到来时，主触发器不工作，保存原输入信息，而从触发器工作，将存在主触发器的信息接收过来，因而，在CP变化的一周期之内，输出状态只改变一次。虽然R、S端输入信号不直接控制输出状态，但在$CP=1$期间主触发器的状态却直接因输入信号的变化而受影响。

主从RS触发器由于只在CP的下降沿到来时才翻转，故称之为下降沿触发型触发器，为了与上升沿触发型区别，在图中用CP端的小圆圈以示区别。

主从RS触发器虽然在一定程度上解决了输入信号直接控制的问题，但R、S之间仍存在约束。

（3）逻辑功能表示

① 特性表。

由上述工作过程可列出主从RS触发器的特性表如表5.4.1所示。

表5.4.1　主从RS触发器的特性表

CP	S	R	Q^n	Q^{n+1}	说明
↓	0 0	0 0	0 1	0 1	输出状态不变
↓	1 1	0 0	0 1	1 1	输出状态与S端相同
↓	0 0	1 1	0 1	0 0	
↓	1 1	1 1	0 1	1* 1*	CP回到低电平后输出状态不定

② 特性方程。

由特性表5.4.1可列出主从RS触发器的特性方程为

$$\begin{cases} Q^{n+1}=S+\overline{R}Q^n \\ RS=0（约束条件） \end{cases} \qquad （CP下降沿有效） \qquad (5.4.1)$$

③ 状态转换图。

由特性表5.4.1可画出主从RS触发器的状态转换图如图5.4.2所示。

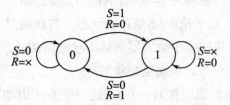

图5.4.2　主从RS触发器的状态转换图

④ 时序图。

在给定CP、R、S波形，并设初态为Q=0时，根据特性表5.4.1可画出主从RS触发器的时序图如图5.4.3所示。可以看出，触发器输出端状态的改变均发生在CP信号的下降沿。

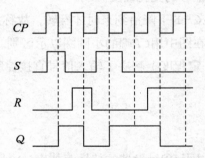

图5.4.3　主从RS触发器的时序图

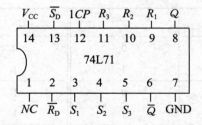

图5.4.4　TTL主从RS触发器的引脚分布图

（4）集成RS触发器

TTL集成主从RS触发器74L71的引脚分布如图5.4.4所示。该触发器分别有3个S端和3个R端，分别为与逻辑关系，即$1R=R_1 \cdot R_2 \cdot R_3$，$1S=S_1 \cdot S_2 \cdot S_3$。使用中如有多余的输入端，要将它们接至高电平。触发器带有异步置0端$\overline{R_D}$和异步置1端$\overline{S_D}$，主要用来设置触发器的初始状态，异步置0、异步置1作用与CP无关。正常工作时应将$\overline{R}_D$、$\overline{S}_D$接高电平。集成主从RS触发器的逻辑功能与表5.4.1所示的主从RS触发器的特性表一致。其中1脚NC为空脚。

（5）主从RS触发器的特点

① 主从RS触发器采用主从控制结构，从根本上解决了输入信号直接控制的问题，具有CP=1期间接收输入信号，CP下降沿到来时触发翻转的特点。

② 仍然存在着约束问题，即在CP=1期间，输入信号R和S不能同时为1。

③ 由于主触发器本身是一个同步RS触发器，所以在CP=1的全部时间里输入信号将对主触发器起控制作用。

5.4.2 主从JK触发器

为了解除R、S之间的约束，在主从RS触发器的基础上改进得到主从JK触发器。

（1）电路结构和逻辑符号

主从JK触发器的电路结构如图5.4.5（a）所示，图（b）是它的逻辑符号。由图可以看出，它是将主从RS触发器的两个互非输出端Q和$\overline{Q}$分别反馈到G_7、G_8的输入端，使在$CP=1$期间G_7、G_8的输出不可能同时为0，主触发器的输出（也即从触发器的输入）就不可能同时为1，也就不存在约束问题了。为了与主从RS触发器有所区别，将S端改称J端，R端改称K端，就成了主从JK触发器，当然它也属于下降沿触发型。

在有些集成电路产品中，输入端J和K不止是一个。在这种情况下，J_1和J_2、K_1和K_2是与的逻辑关系，相当于$J=J_1 \cdot J_2$，$K=K_1 \cdot K_2$，如图（c）所示。

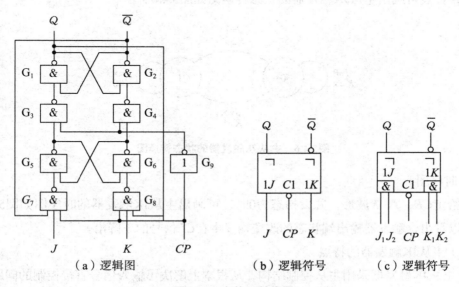

（a）逻辑图   （b）逻辑符号   （c）逻辑符号

图5.4.5 主从JK触发器

（2）逻辑功能表示

① 特性方程。

由于主从JK触发器是主从RS触发器稍加改动得到的，因此，其工作原理与主从RS触发器相同，两者的区别由电路结构可以看出仅为$S=J\overline{Q^n}$和$R=KQ^n$，将此两式代入主从RS触发器的特性方程式$Q^{n+1}=S+\overline{R}Q^n$，即可得到主从JK触发器的特性方程为

$$Q^{n+1}=J\overline{Q^n}+\overline{K}Q^n \quad （CP下降沿有效） \quad （5.4.2）$$

② 特性表。

由上式特性方程可列出主从JK触发器的特性表如表5.4.2所示。

表5.4.2　主从JK触发器的特性表

CP	J	K	Q^n	Q^{n+1}	说明
↓	0	0	0	0	输出状态不变
	0	0	1	1	
↓	1	0	0	1	输出状态与J端相同
	1	0	1	1	
↓	0	1	0	0	
	0	1	1	0	
↓	1	1	0	1	每来一个CP，输出状态翻转一次
	1	1	1	0	

③ 状态转换图。

由特性表可画出主从JK触发器的状态转换图如图5.4.6所示。

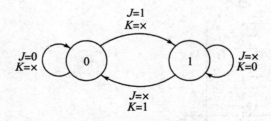

图5.4.6　主从JK触发器的状态转换图

④ 时序图。

在给定CP、J、K波形，并设初态为0时，可画出主从JK触发器的时序图如图5.4.7所示。可以看出，触发器输出端状态的改变均发生在CP信号的下降沿。

（3）主从JK触发器的特点

① 主从JK触发器采用主从控制结构，从根本上解决了输入信号直接控制的问题，具有$CP=1$期间接收输入信号，CP下降沿到来时触发翻转的特点。

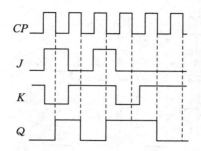

图5.4.7　主从*JK*触发器的时序图

② 输入信号*J*、*K*之间没有约束。

③ 由于主从JK触发器接收信号的主触发器本身就是一个同步RS触发器，在*CP*=1的全部时间里，输入信号都将对主触发器起控制作用，这时如有干扰将可能造成主触发器的误动作，这就要求在*CP*=1的全部时间里，*J*和*K*的状态始终不能变化，否则将可能出现错误输出。因此，主从JK触发器的缺点是抗干扰能力不强。

5.5　边沿触发器

为了提高触发器的可靠性，增强抗干扰能力，人们又设计了边沿触发器，这种触发器的输出状态仅仅取决于*CP*的下降沿（或上升沿）到达时刻输入信号的状态，而在此之前或之后输入信号的状态变化均对触发器的输出状态没有影响。边沿触发器主要有边沿JK触发器和维持阻塞D触发器等。

5.5.1　边沿JK触发器

（1）电路结构和逻辑符号

边沿JK触发器（下降沿）的电路结构如图5.5.1（a）所示，图（b）为它的逻辑符号。它是利用门电路的传输延迟时间实现边沿触发的。由图5.5.1（a）可以看出，它与前面全部用与非门组成的主从JK触发器不同，它由与非门、与门和或非门共同组成。

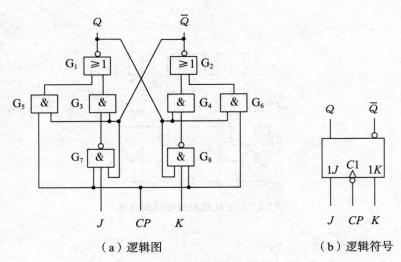

（a）逻辑图   （b）逻辑符号

图5.5.1 边沿JK触发器

（2）工作原理

① $CP=0$时，G_7、G_8门被封锁，J、K不起作用，触发器保持原来状态，即$Q^{n+1}=Q^n$。

② CP为上升沿时，由于与非门的延迟时间较与门为长，故G_5、G_6门较G_7、G_8门先打开，故先出现

$$Q_5=\overline{Q^n} \qquad Q_6=Q^n$$

随后才出现

$$Q_3=Q_7\overline{Q^n}=\overline{J\,\overline{Q^n}}\,\overline{Q^n}=\overline{J}\,\overline{Q^n}$$

$$Q_4=Q_8Q^n=\overline{K Q^n}\,Q^n=\overline{K}\,Q^n$$

触发器的输出

$$Q^{n+1}=\overline{Q_3+Q_5}=\overline{\overline{J}\,\overline{Q^n}+\overline{Q^n}}=Q^n$$

$$\overline{Q^{n+1}}=\overline{Q_4+Q_6}=\overline{\overline{K}\,Q^n+Q^n}=\overline{Q^n}$$

即触发器仍维持原状态不变。

③ $CP=1$时，虽然$G_5\sim G_8$门均被打开，但结果仍与CP为上升沿时相同，J、K仍不起作用。

④ CP下降沿到来时，由于与非门G_7、G_8的延时，使G_5、G_6门先关闭，$Q_5=Q_6=0$，而G_7、G_8门的输出$Q_7=\overline{J\,\overline{Q^n}}$和$Q_8=\overline{K Q^n}$则要保持很短的一段时间。在此时刻，$G_1\sim G_4$门以基本RS触发器的形式工作，其输入分别为$G_7$、$G_8$门的输出，即相当于$\overline{S}=Q_7=\overline{J\,\overline{Q^n}}$和$\overline{R}=Q_8=\overline{K Q^n}$，代入基本RS触发器的特性方程$Q^{n+1}=S+\overline{R}Q^n$，得触发器的输出

$$Q^{n+1}=\overline{\overline{J\,\overline{Q^n}}}+\overline{K Q^n}+Q^n=J\,\overline{Q^n}+\overline{K}\,Q^n$$

可见边沿JK触发器的逻辑功能完全与主从JK触发器相同，所不同的是它利用接收与非门的延时使触发器在CP为0、上升沿和1时，J和K都不起作用，而在CP的下降沿到来时根据J、K的输入发生变化。

边沿JK触发器的特性表、特性方程、状态转换图、时序图与主从JK触发器相同，这里不再列出。

（3）集成JK触发器

集成JK触发器的产品较多，图5.5.2（a）、（b）分别为集成主从双JK触发器74LS76和集成边沿双JK触发器74LS112的引脚分布图，它们都带有异步置0端$\overline{R_D}$和异步置1端$\overline{S_D}$，下降沿触发。在一片集成电路中有多个触发器时，通常在符号前面（或后面）加上数字，以示不同触发器的输入、输出信号，比如$C1$与$1J$、$1K$同属一个触发器。

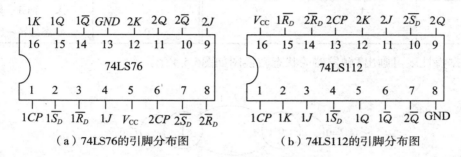

（a）74LS76的引脚分布图　　　　　　（b）74LS112的引脚分布图

图5.5.2　集成JK触发器的引脚分布图

（4）JK触发器转换成的T触发器和T′触发器

① T触发器。

在数字电路中，凡在CP时钟脉冲控制下，能根据输入信号T取值的不同，即当$T=0$时能保持输出状态不变，$T=1$时输出状态翻转的电路，也就是具有保持和翻转功能的触发器电路，都称为T触发器。

T触发器的特性方程为

$$Q^{n+1}=T\overline{Q^n}+\overline{T}Q^n=T\oplus Q^n \qquad (5.5.1)$$

a. JK触发器转换成的T触发器的逻辑符号。

将JK触发器的特性方程$Q^{n+1}=J\overline{Q^n}+\overline{K}Q^n$和T触发器的特性方程$Q^{n+1}=T\overline{Q^n}+\overline{T}Q^n$相比较，可知只要将图5.5.1所示的JK触发器的输入端J和K相连接且改为T端，则构成了T触发器，其触发方式和JK触发器一样，都是下降沿触发，其逻辑电路不再画出，其逻辑符号如图5.5.3所示。

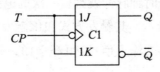

图5.5.3　由JK触发器转换成的T触发器

b. 逻辑功能表示。

由特性方程$Q^{n+1}=T\overline{Q^n}+\overline{T}Q^n$可以看出其逻辑功能特点为：

$$\begin{cases} 当\ T=0时, \ Q^{n+1}=Q^n, 状态保持; \\ 当T=1时, \ Q^{n+1}=\overline{Q}^n, 状态翻转; \end{cases}$$

由上可列出T触发器的特性表如表5.5.1所示。

表5.5.1 T触发器的特性表

CP	T	Q^n	Q^{n+1}	说明
↓	0	0	0	输出状态不变
	0	1	1	
↓	1	0	1	每来一个CP, 输出
	1	1	0	状态翻转一次

根据特性表可画出T触发器的状态转换图如图5.5.4所示。

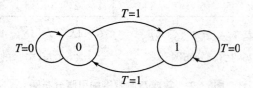

图5.5.4 T触发器的状态转换图

若给定CP、T的波形, 并设初态Q=0时, 可画出由JK触发器构成的T触发器的时序图如图5.5.5所示。可以看出, 触发器输出端状态的改变均发生在CP信号的下降沿。

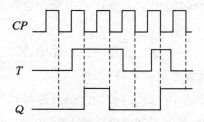

图5.5.5 由JK触发器构成的T触发器的时序图

② T′ 触发器。

在数字电路中, 凡每来一个时钟脉冲就翻转一次的电路, 都称为T′ 触发器, 由JK触发器构成的T′ 触发器如图5.5.6所示, 其触发方式和JK触发器一样, 都是下降沿触发。

T′ 触发器实际上是T触发器的输入信号T恒等于1的一种特殊情况。故它的特性方程为

$$Q^{n+1}=\overline{Q}^n \tag{5.5.2}$$

它的逻辑功能可描述为: 每来一个CP脉冲, 触发器的状态翻转一次, 相当于进行计数, 其时序图如图5.5.7所示。

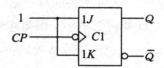

图5.5.6 由JK触发器转换成的T′触发器

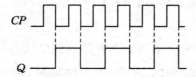

图5.5.7 由JK触发器构成的T′触发器的时序图

5.5.2 维持阻塞D触发器

（1）电路结构和逻辑符号

维持阻塞D触发器的逻辑图如图5.5.8（a）所示，图（b）为其逻辑符号。G_1和G_2为基本RS触发器，$G_3 \sim G_6$为维持阻塞电路。

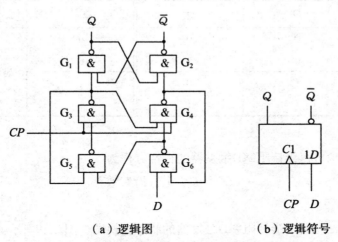

（a）逻辑图 （b）逻辑符号

图5.5.8 维持阻塞D触发器的逻辑图和逻辑符号

（2）工作原理

① $CP=0$时，G_3、G_4门被封锁，$Q_3=1$、$Q_4=1$，G_1、G_2组成的基本RS触发器保持原状态不变。与此同时，由于Q_3、Q_4分别反馈到G_5、G_6门的输入端，使G_5、G_6门打开，输入信号D可通过G_5、G_6门，$Q_6=\overline{DQ_4}=\overline{D}$，$Q_5=\overline{\overline{Q_3}Q_6}=D$。

② CP上升沿到来时，G_3、G_4门打开，接收G_5、G_6的输出信号。$Q_3=\overline{CPQ_5}=\overline{D}$，$Q_4=\overline{CPQ_3Q_6}=D$。即$Q_3$、$Q_4$由输入信号D的状态决定。

此时，若$D=1$，则$Q_3=0$、$Q_4=1$、$Q_3=0$的去向有三路：其一是使$Q=1$，$\overline{Q}=0$，即使触发器置1；其二是封住G_4门，阻止Q_4变成低电平，即阻塞置0信号的产生；其三是封住G_5门，保证$Q_5=1$以维持$CP=1$期间$Q_3=0$，也就是维持置1信号。只要这种维持置1，阻塞置0作用一旦发挥，在$CP=1$期间，D的任何变化将不会影响触发器的置1。

此时若$D=0$，则$Q_3=1$、$Q_4=0$。同样，$Q_4=0$一方面使$\overline{Q}=1$，$Q=0$，即触发器置0；另一方面通过维持置0、阻塞置1作用使在$CP=1$期间D的任何变化将不会影响触发器的置0。

综上可见，在CP的上升沿到来时，触发器的输出状态与此时刻输入信号D的状态相同，而且由于电路的维持阻塞作用，使在$CP=1$期间的全部时间里，D的状态改变将不会影响触发器的输出状态。

（3）逻辑功能表示

① 特性表。

由上分析可知，维持阻塞D触发器是利用时钟脉冲CP的上升沿进行触发的，而且电路总是翻到和D相同的状态。其特性表如表5.5.2所示。

表5.5.2　维持阻塞D触发器的特性表

CP	D	Q^n	Q^{n+1}	说明
↑	0	0	0	
	0	1	0	输出状态与D相同
↑	1	0	1	
	1	1	1	

② 特性方程。

由特性表5.5.2可得维持阻塞D触发器的特性方程为

$$Q^{n+1}=D（上升沿有效）\qquad(5.5.3)$$

③ 状态转换图。

由特性表5.5.2可画出维持阻塞D触发器的状态转换图如图5.5.9所示。

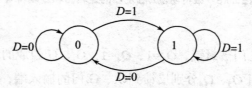

图5.5.9　维持阻塞D触发器的状态转换图

④ 时序图。

若给定CP和输入信号D的波形，并设初态为0时，可画出维持阻塞D触发器的时序图如图5.5.10所示。

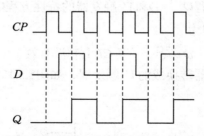

图5.5.10　维持阻塞D触发器的时序图

（4）集成D触发器

集成双D触发器74LS74的引脚分布如图5.5.11所示，它带有异步置0端$\overline{R_D}$和异步置1端$\overline{S_D}$，上升沿触发。

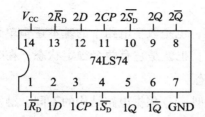

图5.5.11　集成D触发器74LS74的引脚分布

（5）D触发器转换成T触发器和T′触发器

和JK触发器一样，用维持阻塞D触发器也可转换成T触发器和T′触发器。这样构成的T触发器和T′触发器的触发方式和维持阻塞D触发器的触发方式一样，都是上升沿触发。

①D触发器转换成T触发器。

根据T触发器的特性方程$Q^{n+1}=T\overline{Q^n}+\overline{T}Q^n$和D触发器的特性方程$Q^{n+1}=D$，可得D触发器转换成T触发器的转换方程为

$$D=T\overline{Q^n}+\overline{T}Q^n=T\oplus Q^n \qquad （CP上升沿有效）$$

由上式可画出由D触发器构成的T触发器，如图5.5.12所示。这时电路具有保持和翻转的功能。

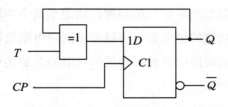

图5.5.12　由D触发器转换成的T触发器

② D触发器转换成的T′触发器。

根据D触发器的特性方程$Q^{n+1}=D$和T′触发器的特性方程$Q^{n+1}=\overline{Q^n}$，可得由D触发器转换成的T′触发器的转换方程为

$$D=\overline{Q^n} \qquad （CP上升沿有效）$$

由上式可画出由D触发器转换成的T′触发器，如图5.5.13所示。这时电路具有翻转的功能。

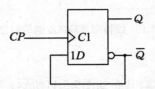

图5.5.13　由D触发器转换成的T'触发器

本章小结

1. 触发器和门电路一样，也是数字电路中的基本逻辑单元。触发器具有记忆功能，常用来保存二进制信息0和1，也就是它有两个稳定状态，在时钟控制信号作用下，可以从一个稳态转变为另一个稳态。

2. 触发器有多种结构类型。① 根据电路结构的不同，触发器可分为基本RS触发器、同步触发器、主从触发器和边沿触发器等；② 根据逻辑功能的不同，触发器可分为RS触发器、JK触发器、D触发器、T和T′触发器等；③ 根据触发方式的不同，触发器可分为电平触发器、主从触发器和边沿触发器等。

3. 触发器的逻辑功能可以用特性表、特性方程、状态转换图和时序图等方法来描述，它实际是描述触发器输出的次态与输出的现态及输入信号之间的逻辑关系。

4. 触发器的特性方程是表示其逻辑功能的逻辑函数表达式，各种不同逻辑功能的触发器的特性方程为：

RS触发器：$Q^{n+1}=S+\overline{R}\,Q^n$，其约束条件为：$RS=0$

JK触发器：$Q^{n+1}=J\,\overline{Q^n}+\overline{K}\,Q^n$

D触发器：$Q^{n+1}=D$

T触发器：$Q^{n+1}=T\,\overline{Q^n}+\overline{T}\,Q^n$

T′触发器：$Q^{n+1}=\overline{Q^n}$

特别要指出的是，触发器的电路结构和逻辑功能是两个不同的概念，两者没有固定的对应关系。同一种逻辑功能的触发器，可以用不同的电路结构形式来实现；反过来，同一种电路结构形式，可以转换成具有不同逻辑功能的各种类型触发器，但是其触发方式是不能转换的。

思考题

（1）触发器的基本特点有哪些？

（2）基本RS触发器有何优缺点？

（3）同步RS触发器在结构上与基本RS触发器有何不同？CP脉冲的作用是什么？同步RS触发器有何优缺点？

（4）主从RS触发器在电路结构上有何特点？它为什么能够解决输入信号R、S的直接控制问题？

（5）主从JK触发器是如何解除输入信号之间的约束的？它还存在什么问题？其动作特点是什么？

（6）边沿JK触发器是怎样提高抗干扰能力的？

（7）维持阻塞D触发器的动作特点是什么？

（8）T（T′）触发器在逻辑功能上有何特点？

（9）触发器按电路结构和逻辑功能不同，分了哪些类型？电路结构相同的触发器其逻辑功能一定相同吗？逻辑功能相同的触发器，其一定具有相同的电路结构吗？试举例加以说明？

（10）不同逻辑功能的触发器可以相互转换，试说明将JK、D触发器分别转换为T、T′触发器的方法？

练习题

［题5.1］由或非门组成的基本RS触发器如图P5.1所示，试分析其工作原理并列出特性表。

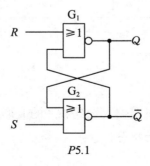

P5.1

［题5.2］由与或非门组成的同步RS触发器如图P5.2所示，试分析其工作原理并列出特性表。

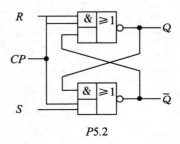

P5.2

[题5.3] 已知主从结构RS触发器输入端R、S和CP的波形如图P5.3所示，试画出输出端Q和$\overline{Q}$的信号波形。设触发器的初始状态为$Q=0$。

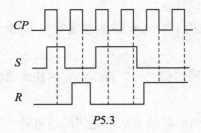

P5.3

[题5.4] 已知主从结构JK触发器输入端J、K和CP的波形如图P5.4所示，试画出输出端Q和$\overline{Q}$的信号波形。设触发器的初始状态为$Q=0$。

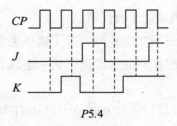

P5.4

[题5.5] 已知边沿JK触发器输入端J、K和CP的波形如图P5.5所示，试画出输出端Q和$\overline{Q}$的信号波形。设触发器的初始状态为$Q=0$。

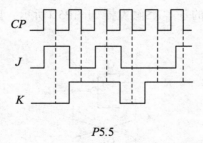

P5.5

[题5.6] 已知维持阻塞D触发器输入端D和CP的波形如图P5.6所示，试画出输出端Q和$\overline{Q}$的信号波形。设触发器的初始状态为$Q=0$。

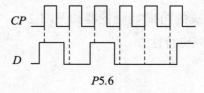

P5.6

［题5.7］已知由维持阻塞D触发器转换成的T触发器的输入端T、CP的波形如图P5.7所示，试画出输出端Q和$\overline{Q}$的信号波形。设触发器的初始状态为$Q=0$。

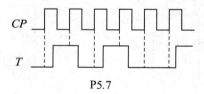

P5.7

［题5.8］设图P5.8中各触发器的初始状态皆为$Q=0$，试画出在CP信号连续作用下各触发器输出端的信号波形。

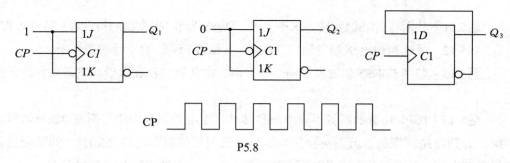

P5.8

［题5.9］设图P5.9中各电路的初始状态皆为$Q=0$，试画出在CP信号连续作用下各触发器输出端的信号波形，并说明输出信号Q_0、Q_1的频率和CP信号频率之间的关系。

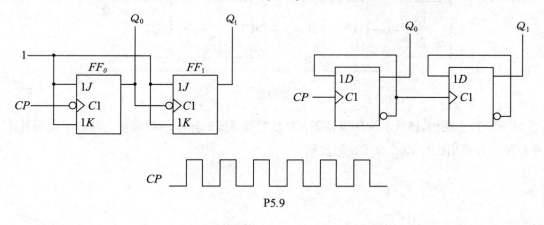

P5.9

［题5.10］设图P5.10中各电路的初始状态皆为$Q=0$，试画出在CP信号连续作用下各触发器输出端的信号波形。

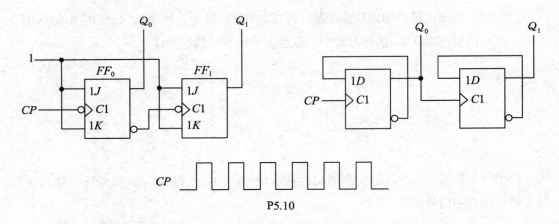

P5.10

[题5.11] 分别写出RS触发器、JK触发器、D触发器和T触发器的特性表和特性方程。

[题5.12] 分别画出由JK触发器、D触发器转换成T和T′触发器的逻辑图。

[题5.13] 归纳基本RS触发器、同步触发器、主从触发器和边沿触发器触发翻转的特点。

[题5.14] 图P5.14所示石英手表中的秒脉冲产生电路是利用维持阻塞D触发器组成的多级二分频电路实现的。若石英振荡器输出振荡信号的频率为32768 Hz，问要经过多少级二分频电路，最后输出Q端才能获得频率为1 Hz，即周期为1 s的秒脉冲信号。

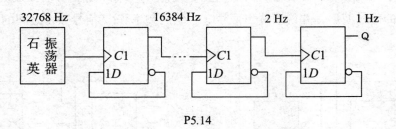

P5.14

[题5.15] 图P5.15所示为用维持阻塞D触发器组成的同步单脉冲发生器，试说明其工作原理，并画出CP、Q_0、Q_1和u_0的波形。

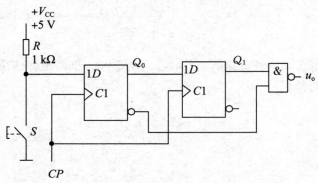

P5.15

[题5.16] 设计一个4人抢答逻辑电路。具体要求如下：

（1）每个参赛者控制一个按钮，用按动按钮发出抢答信号。

（2）竞赛主持人另有一个按钮，用于将电路复位。

（3）竞赛开始后，先按动按钮者将对应的一个发光二极管点亮，此后其他3人再按动按钮对电路不起作用。

6 时序逻辑电路

本章在前章所学触发器的基础上，介绍以触发器为核心组成的时序逻辑电路。首先，概要地讲述了时序逻辑电路的特点及其逻辑功能表示方法，并详细介绍了时序逻辑电路的分析方法；然后介绍了计数器、寄存器等常用时序逻辑电路的工作原理和使用方法；最后讲述了时序逻辑电路的设计方法。

6.1 概 述

6.1.1 时序逻辑电路的特点

时序逻辑电路简称时序电路，它与组合电路有着本质的不同。时序电路在逻辑功能上的特点是，电路在任一时刻的输出状态不仅取决于该时刻的输入信号，而且与输入信号作用前电路的历史状态有关。这也就是说时序电路是具有记忆能力的电路。

时序电路在逻辑功能上的特点，决定了它的电路结构中必须包含具有记忆功能的存储电路。一般的时序电路是由组合电路和存储电路两部分组成，而且存储电路的输出状态必须反馈到输入端，与输入信号一起共同决定组合电路的输出状态。因此，时序电路的结构框图可由图6.1.1所示形式表示。

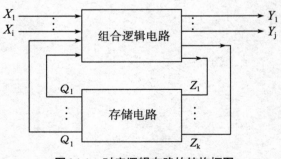

图6.1.1 时序逻辑电路的结构框图

图中组合电路就是我们在第四章所介绍的由门电路组成的电路，在有些时序电路中这部分电路可能不存在；存储电路一般由第五章介绍的触发器充当，其实一个触发器就是最简单的时序逻辑电路，它们相同的逻辑功能就说明了这点。另外，图中的 X（X_1，…，X_i）代表输入信号，Y（Y_1，…，Y_j）代表输出信号，Z（Z_1，…，Z_K）代表存储电路的输入信号，Q（Q_1，…，Q_1）代表存储电路的输出信号。这些信号之间的逻辑关系可以表示为

$$Y = F_1(X, Q^n) \tag{6.1.1}$$

$$Z = F_2(X, Q^n) \tag{6.1.2}$$

$$Q^{n+1} = F_3(Z, Q^n) \tag{6.1.3}$$

其中式（6.1.1）是输出方程，式（6.1.2）是存储器的驱动方程（或称激励方程），式（6.1.3）是存储电路的状态方程。

6.1.2 时序电路逻辑功能的表示方法

触发器既然是最简单的时序逻辑电路，那么，触发器逻辑功能的表示方法当然也适用于时序逻辑电路，只不过相应地表示方法要复杂一些，名称也稍有区别。它们分别是逻辑方程式、状态表、状态图和时序图。

（1）逻辑方程式

逻辑方程式就是前面由时序逻辑电路框图所列出的输出方程，即式（6.1.1）；驱动方程，即式6.1.2）；状态方程，即式（6.1.3）。

（2）状态表

状态表也叫状态转换真值表，它是以表格的形式反映时序电路的输出 Y、次态 Q^{n+1} 和输入 X、现态 Q^n 之间对应取值关系的。对于触发器来说就是特性表。

（3）状态图

状态图也叫状态转换图，它是以几何图形的形式反映时序电路状态转换规律及相应输入、输出取值关系的。与触发器的状态转换图类似，但一般较为复杂些。

（4）时序图

时序图也叫工作波形图，它是用波形的形式，形象地反映了时序电路输入信号、输出信号、电路状态等的取值在时间上的对应关系。与触发器的时序图类似。

时序电路逻辑功能的4种表示方法是从不同的角度突出了时序电路在逻辑功能上的特殊点，反映的是同一事物，因此，它们在本质上是相通的，可以互相转换。在实际应用中，可以根据具体情况灵活选用。

6.1.3 时序逻辑电路的分类

（1）同步时序电路和异步时序电路

时序电路根据其状态转换规律与时钟脉冲之间的关系可分为同步时序电路和异步时序电路。

若时序电路中有一个统一的时钟脉冲，存储电路中所有触发器的时钟输入端都接于该时钟脉冲源，电路状态的转换是在该时钟脉冲作用下同步进行的，则该电路为同步时序电路。例如，移位寄存器，同步计数器等都是同步时序电路的例子。

若时序电路中没有时钟脉冲（例如基本RS触发器），或有时钟脉冲，但并不是所有的触发器的时钟输入端都接到时钟脉冲源，因此电路状态的更新与时钟脉冲是不同步的（例如异步计数器等），则这些电路称为异步时序电路。

（2）米利型时序电路和穆尔型时序电路

根据输出与输入的关系，时序电路又分为米里型和莫尔型两种。米利型（Mealy）时序电路的输出信号不仅与存储电路的输出状态有关，而且还与时序电路的输入信号有关。

穆尔型（Moore）时序电路的输出信号仅与存储电路的输出状态有关。

6.2　时序逻辑电路的分析方法

时序逻辑电路的分析就是根据给定的时序逻辑电路图，通过分析，求出它的输出Y的变化规律，以及电路状态Q的转换规律，进而说明该时序电路的逻辑功能和工作特性。

6.2.1 同步时序逻辑电路的分析方法

在同步时序逻辑电路中，由于所有触发器都是由同一个时钟信号CP来触发，它只控制触发器的翻转时刻，而对触发器翻转到何种状态并无影响，所以，在分析同步时序电路时，可以不考虑时钟条件。

（1）基本分析步骤

① 根据给定的时序电路图写出下列各逻辑方程式：

a. 输出方程。时序电路的输出逻辑表达式，它通常为现态的函数。

b. 驱动方程。各触发器输入端的逻辑表达式。如JK触发器J和K的逻辑表达式；D触发器D的逻辑表达式等。

c. 状态方程。将驱动方程代入相应触发器的特性方程，求得各触发器的次态方程，也就是时序电路的状态方程。

② 列状态转换真值表

状态转换真值表是指将电路的输入和现态的各种取值代入状态方程和输出方程中进行计算，求出相应的次态和输出而得到的真值表。如果电路现态的初值已经给定，则从给定的初值开始计算；如果初值没有给定时，则可假设从某一个现态初值依次进行计算。

时序电路的输出由电路的现态来决定。

③ 画状态转换图和时序图

状态转换图是指电路由现态转换到次态的示意图。电路的时序图是在时钟脉冲 CP 作用下，各触发器状态变化和电路输出的波形图。

④ 逻辑功能的说明

根据状态转换真值表、状态转换图或时序图来说明电路的逻辑功能。

（2）同步时序逻辑电路的分析举例

【例6.2.1】试分析图6.2.1所示时序电路。

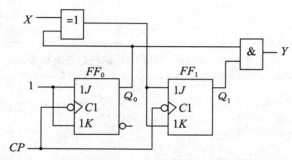

图6.2.1　例6.2.1的逻辑电路图

解：分析过程如下：

由图6.2.1所示电路可看出，时钟脉冲 CP 加在每个触发器的时钟脉冲输入端上。因此，它是一个同步时序电路，各触发器的时钟信号 CP 的逻辑表达式可以不写。

① 写出各逻辑方程式。

a. 输出方程　　　　　　　　$Y = Q_1^n Q_0^n$

b. 驱动方程　　　　　　$J_0 = 1$　　　$K_0 = 1$

$$J_1 = X \oplus Q_0^n \qquad K_1 = X \oplus Q_0^n$$

c. 将驱动方程代入相应JK触发器的特性方程，求得各触发器的次态方程为

$$Q_0^{n+1} = J_0 \overline{Q_0^n} + \overline{K_0} Q_0^n = \overline{Q_0^n}$$

$$Q_1^{n+1} = J_1 \overline{Q_1^n} + \overline{K_1} Q_1^n$$

$$= (X \oplus Q_0^n) \overline{Q_1^n} + \overline{(X \oplus Q_0^n)} Q_1^n$$

$$= X \oplus Q_0^n \oplus Q_1^n$$

② 列状态转换真值表。

列状态表是分析时序电路的关键性的一步，其具体做法是：先填入电路的现态Q^n的所有组合状态以及输入信号X的所有组合状态，然后根据输出方程及状态方程，逐行填入当前输出Y的相应值，以及次态Q^{n+1}的相应值。

本例中，由于输入信号X可取0，也可取1，因此，应分别列出$X=0$和$X=1$的两种状态转换真值表，分别如表6.2.1和表6.2.2。

表6.2.1　$X=0$时［例6.2.1］的状态转换真值表

现 态		次 态		输 出
Q_1^n	Q_0^n	Q_1^{n+1}	Q_0^{n+1}	Y
0	0	0	1	0
0	1	1	0	0
1	0	1	1	0
1	1	0	0	1

表6.2.2　$X=1$时［例6.2.1］的状态转换真值表

现 态		次 态		输 出
Q_1^n	Q_0^n	Q_1^{n+1}	Q_0^{n+1}	Y
0	0	1	1	0
1	1	1	0	1
1	0	0	1	0
0	1	0	0	0

③ 画状态转换图和时序图。

根据状态转换真值表可以画出状态转换图，如图6.2.2（a）、（b）所示；和时序图，如图6.2.2（c）所示。

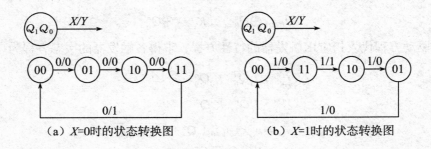

（a）$X=0$时的状态转换图　　　　（b）$X=1$时的状态转换图

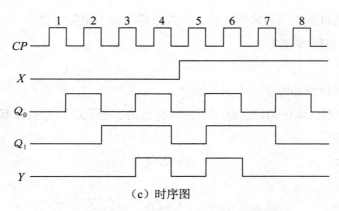

（c）时序图

图6.2.2　［例6.2.1］的状态转换图和时序图

④ 逻辑功能说明。

根据状态表和状态图都可以看出，此电路是一个可控4进制计数器。当$X=0$时，进行加法计数，在时钟脉冲作用下，Q_1Q_0的数值从00到11递增，每经过4个时钟脉冲CP作用后，电路的状态循环一次，同时在Y端输出一个进位信号，相当于一个4进制加法计数器。当$X=1$时，进行减1计数，Y是借位信号，相当于一个4进制减法计数器。

6.2.2　异步时序逻辑电路的分析方法

异步时序逻辑电路的分析方法和同步时序逻辑电路的分析方法有所不同。由于异步时序电路没有统一的时钟脉冲控制，因此，在考虑各触发器状态转换时，必须考虑其时钟信号端的情况，即触发器只有在加到其时钟信号端上的信号有效时，才有可能改变状态，否则，触发器将保持原有状态不变。具体分析时，应根据各触发器的时钟信号的逻辑表达式及触发方式，确定各触发器的时钟信号端是否有触发信号作用（即上升沿触发的触发器当其时钟信号端由0变1时表示有触发信号；下降沿触发的触发器当其时钟信号端由1变0时表示有触发信号）。如果无触发信号作用，则触发器将保持原有状态不变。

【例6.2.2】分析图6.2.3所示逻辑电路。

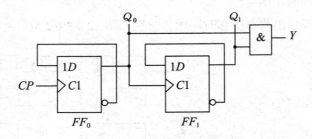

图6.2.3　例6.2.2的逻辑电路图

解：由图6.2.3可看出，FF_1的时钟信号输入端未和输入时钟脉冲源CP相连，它是由

FF_0的Q_0端输出的负跃变信号来触发的，所以是异步时序逻辑电路。

（1）写出各逻辑方程式

① 时钟方程

$CP_0=CP$（时钟脉冲源），上升沿触发。

$CP_1=Q_0$，仅当Q_0由0→1时，Q_1才可能改变状态，否则Q_1将保持原有状态不变。

② 输出方程

$$Y=Q_1^n Q_0^n$$

③ 驱动方程

$$D_0=\overline{Q_0^n}$$
$$D_1=\overline{Q_1^n}$$

④ 状态方程

$$Q_0^{n+1}=D_0=\overline{Q_0^n}（CP由0→1时此式有效）$$
$$Q_1^{n+1}=D_1=\overline{Q_1^n}（Q0由0→1时此式有效）$$

（2）列状态转换表

列状态表的方法与同步时序电路基本相似，只是还应注意各触发器CP端的状况（是否有上升沿的作用），因此，可在状态表中增加各触发器CP端的状况，无上升沿作用时的CP用0表示。例6.2.2的状态表如表6.2.3所示。

表6.2.3　例6.2.2的状态表

现 态		时钟脉冲		次 态		输出
Q_1^n	Q_0^n	$CP1$	$CP0$	Q_1^{n+1}	Q_0^{n+1}	Y
0	0	↑	↑	1	1	0
0	1	0	↑	0	0	0
1	0	↑	↑	0	1	0
1	1	0	↑	1	0	1

（3）画状态图和时序图

由状态表6.2.3可画出状态图和时序图，分别如图6.2.4和6.2.5所示。

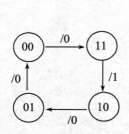

图6.2.4　例6.2.2的状态图

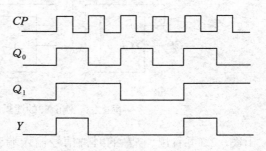

图6.2.5　例6.2.2的时序图

（4）逻辑功能说明

由状态图和时序图可知，此电路是一个异步4进制减法计数器，Y是借位信号。也可把该电路看作一个序列信号发生器，输出序列脉冲信号Y的重复周期为时钟脉冲CP周期的4倍。

6.3　计数器

计数器是用来实现对输入计数脉冲CP进行计数操作的时序电路，是数字系统中应用最为广泛的基本数字部件。计数器不仅能用于对时钟脉冲的计数，也可用于分频、定时、产生节拍脉冲等。

计数器累计输入脉冲的最大数目称为计数器的"模"，用M表示。如$M=9$计数器，又称九进制计数器。所以，计数器的"模"实际上为电路的有效状态数。

计数器的种类很多，特点各异。它的主要分类如下：

（1）按计数进制分

二进制计数器：按二进制数运算规律进行计数的电路称作二进制计数器。

十进制计数器：按十进制数运算规律进行计数的电路称作十进制计数器。

任意进制计数器：二进制计数器和十进制计数器之外的其他进制计数器统称为任意进制计数器。如五进制计数器、六十进制计数器等。

（2）按计数增减分

加法计数器：随着计数脉冲的输入作递增计数的电路称作加法计数器。

减法计数器：随着计数脉冲的输入作递减计数的电路称作减法计数器。

可逆计数器：在加/减控制信号作用下，可递增计数，也可递减计数的电路，称作可逆计数器。

（3）按计数器中触发器翻转是否同步分

异步计数器：计数脉冲只加到部分触发器的时钟脉冲输入端上，而其他触发器的触发信号则由电路内部提供，应翻转的触发器状态更新有先有后的计数器，称作异步计数器。

同步计数器：计数脉冲同时加到所有触发器的时钟脉冲输入端上，使应翻转的触发器同时翻转的计数器，称作同步计数器。显然，它的计数速度要比异步计数器快得多。

6.3.1 异步计数器

（1）异步二进制计数器

异步二进制计数器一般都由T′触发器级连起来构成。

① 异步二进制加法计数器。

图6.3.1所示为由JK触发器组成的4位异步二进制加法计数器。图中JK触发器都接成T′触发器，用计数脉冲CP的下降沿触发。设计数器的初态为$Q_3Q_2Q_1Q_0=0000$，它的工作原理如下。

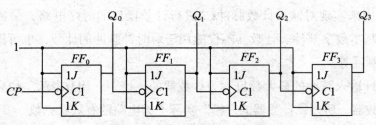

图6.3.1　4位异步二进制加法计数器

当输入第一个计数脉冲CP时，第一位触发器FF_0由0状态翻转到1状态，Q_0端输出正跃变，FF_1不翻转，保持0状态不变。这时，计数器的状态为$Q_3Q_2Q_1Q_0=0001$。

当输入第二个计数脉冲CP时，FF_0由1状态翻转到0状态，Q_0输出负跃变，FF_1则由0状态翻转到1状态，Q_1输出正跃变，FF_2保持0状态不变。这时，计数器的状态为$Q_3Q_2Q_1Q_0=0010$。

当连续输入计数脉冲CP时，根据上述计数规律，只要低位触发器由1状态翻转到0状态，相邻高位触发器的状态便改变。计数器中各触发器的状态转换顺序如表6.3.1所示。由该表可看出：当输入第16个计数脉冲CP时，4个触发器都返回到初始的$Q_3Q_2Q_1Q_0=0000$状态，同时计数器的Q_3输出一个负跃变的进位信号。从输入第17个计数脉冲CP开始，计数器又开始了新的计数循环。可见，图6.3.1所示电路为16进制计数器。

表6.3.1　4位二进制加法计数器状态表

计数顺序	计数器状态			
	Q_3	Q_2	Q_1	Q_0
0	0	0	0	0
1	0	0	0	1
2	0	0	1	0
3	0	0	1	1
4	0	1	0	0
5	0	1	0	1
6	0	1	1	0

续表

计数顺序	计数器状态			
	Q_3	Q_2	Q_1	Q_0
7	0	1	1	1
8	1	0	0	0
9	1	0	0	1
10	1	0	1	0
11	1	0	1	1
12	1	1	0	0
13	1	1	0	1
14	1	1	1	0
15	1	1	1	1
16	0	0	0	0

图6.3.2所示为4位二进制加法计数器的工作波形（又称时序图），由该图可看出：输入的计数脉冲每经一级触发器，其周期增加一倍，即频率降低一半。因此，图6.3.2所示计数器的Q_0、Q_1、Q_2、Q_3输出波形就分别相当于计数脉冲CP的2、4、8和16分频。针对计数器的这种分频功能，也把它叫作分频器。

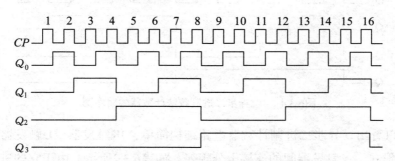

图6.3.2　4位异步二进制加法计数器的时序图

同样，用上升沿触发的T′触发器（如用D触发器构成的T′触发器），也可以组成异步二进制加法计数器，只不过每一级低位触发器的输出$\overline{Q}$端作为相邻高位触发器的计数脉冲，其逻辑电路及分析过程读者可自行完成。

②异步二进制减法计数器。

图6.3.3所示为由JK触发器组成的4位异步二进制减法计数器。$FF_0 \sim FF_3$都接成T′触发器，下降沿触发。其关键之处是在输入第一个减法计数脉冲CP后，计数器的状态$Q_3Q_2Q_1Q_0$应由0000翻到1111。它的工作原理如下。

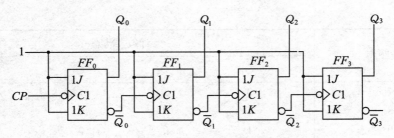

图6.3.3　4位异步二进制减法计数器

设计数器初态为$Q_3Q_2Q_1Q_0$=0000，当在CP端输入第一个减法计数脉冲时，FF_0由0状态翻到1状态，$\overline{Q_0}$输出一个负跃变的借位信号，使FF_1由0状态翻到1状态，$\overline{Q_1}$输出一个负跃变的借位信号，使FF_2由0状态翻到1状态。同理，FF_3也由0状态翻到1状态，$\overline{Q_3}$输出一个负跃变的借位信号。这样使计数器翻到$Q_3Q_2Q_1Q_0$=1111。

当CP端输入第二个减法计数脉冲时，计数器的状态翻到$Q_3Q_2Q_1Q_0$=1110，当CP端连续输入减法计数脉冲时，电路状态变化的规律如图6.3.4时序图所示。

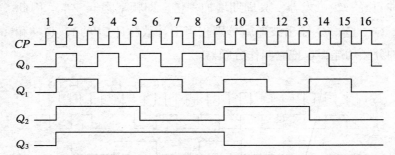

图6.3.4　4位异步二进制减法计数器的时序图

纵上可以看出，异步二进制计数器电路结构简单，JK触发器或D触发器都是先接成T′触发器的形式，各触发器间的连接十分规律，如表6.3.2所示。由于它的进位或借位信号是逐级传递的，因此也称为串行计数器。其缺点是计数速度慢，工作频率低。

表6.3.2　异步二进制计数器级间连接规律

连接规律 类型	T′触发器的触发沿	
	下降沿	上升沿
加法计数器	$CP_i=Q_{i-1}$	$CP_i=\overline{Q_{i-1}}$
减法计数器	$CP_i=\overline{Q_{i-1}}$	$CP_i=Q_{i-1}$

表中CP_i是第i位触发器FF_i的时钟脉冲，Q_{i-1}、$\overline{Q_{i-1}}$是低邻位，即第$i-1$位触发器FF_{i-1}的输出。

（2）异步十进制加法计数器

异步十进制加法计数器是在异步二进制加法计数器的基础上经过适当修改获得的。修改时要解决的问题是如何使4位异步二进制加法计数器在计数的过程中跳过从1010到1111这6个状态，利用自然二进制数的前十个状态0000～1001实现十进制计数。

图6.3.5所示电路是异步十进制加法计数器的典型电路。假定所用的触发器为TTL电路，J、K端悬空时相当于接逻辑1电平。

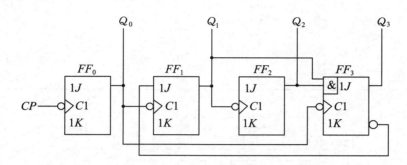

图6.3.5 8421BCD码异步十进制加法计数器

设计数器从$Q_3Q_2Q_1Q_0$=0000状态开始计数。由图6.3.5可知，FF_0和FF_2为T'触发器。在FF_3为0状态时，$\overline{Q_3}$=1，这时$J_1=\overline{Q_3}$=1，FF_1也为T'触发器。因此，输入前8个计数脉冲时，计数器按异步二进制加法计数规律计数。在输入第7个计数脉冲后，计数器的状态为$Q_3Q_2Q_1Q_0$=0111。这时，$J_3=Q_2Q_1$=1、K_3=1。

输入第8个脉冲时，FF_0由1状态翻到0状态，Q_0输出的负跃变一方面使FF_3由0状态翻到1状态；与此同时，Q_0输出的负跃变也使FF_1由1状态翻到0状态，FF_2也随之翻到0状态。这时计数器的状态为$Q_3Q_2Q_1Q_0$=1000，$\overline{Q_3}$=0，使$J_1=\overline{Q_3}$=0，因此，在Q_3=1时，FF_1只能保持在0状态，不可能再次翻转。所以，输入第9个计数脉冲时，计数器的状态为$Q_3Q_2Q_1Q_0$=1001。这时J_3=0，K_3=1。

当输入第10个计数脉冲时，计数器从1001状态返回到初始的0000状态，电路从而跳过了1010～1111六个状态，实现了十进制计数，同时Q_3端输出一个负跃变的进位信号。表6.3.3为十进制加法计数器状态表，图6.3.6所示为十进制加法计数器的时序图。

表6.3.3 十进制计数器状态表

计数顺序	计数器状态			
	Q_3	Q_2	Q_1	Q_0
0	0	0	0	0
1	0	0	0	1
2	0	0	1	0

计数顺序	计数器状态			
	Q_3	Q_2	Q_1	Q_0
3	0	0	1	1
4	0	1	0	0
5	0	1	0	1
6	0	1	1	0
7	0	1	1	1
8	1	0	0	0
9	1	0	0	1
10	0	0	0	0

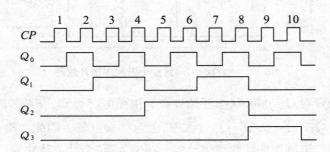

图6.3.6 十进制加法计数器的时序图

（3）集成异步计数器74LS290

图6.3.7（a）所示为集成异步二–五–十进制计数器74LS290的电路结构框图。由该图可看出，74LS290由一个一位二进制计数器和一个五进制计数器两部分组成。图6.3.7（b）所示为74LS290的逻辑功能示意图。图中R_{0A}和R_{0B}为置0输入端，S_{9A}和S_{9B}为置9输入端。图6.3.8为74LS290的引脚分布图。表6.3.4为其功能表。

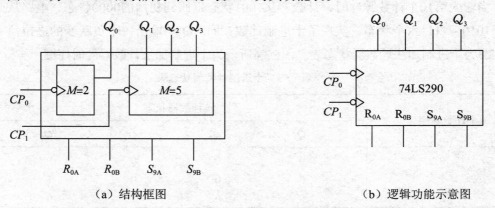

（a）结构框图　　　　　　　　　　　（b）逻辑功能示意图

图6.3.7 74LS290的结构框图和逻辑功能示意图

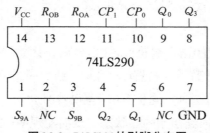

图6.3.8 74LS290的引脚分布图

表6.3.4 74LS290的功能表

输 入			输 出				说 明
$R0A \cdot R0B$	$S9A \cdot S9B$	CP	Q_3	Q_2	Q_1	Q_0	
1	0	×	0	0	0	0	置0
0	1	×	1	0	0	1	置9
0	0	↓		计 数			

① 逻辑功能。

由表6.3.4可知，74LS290主要有如下功能。

a. 异步置0功能。当$R_0 = R_{0A} \cdot R_{0B} = 1$、$S_9 = S_{9A} \cdot S_{9B} = 0$时，计数器异步置0，即$Q_3Q_2Q_1Q_0 = 0000$，与时钟脉冲$CP$没有关系。

b. 异步置9功能。当$S_9 = S_{9A} \cdot S_{9B} = 1$、$R_0 = R_{0A} \cdot R_{0B} = 0$时，计数器异步置9，即$Q_3Q_2Q_1Q_0 = 1001$，它也与$CP$无关。

c. 计数功能。当$S_9 = S_{9A} \cdot S_{9B} = 0$、$R_0 = R_{0A} \cdot R_{0B} = 0$时，74LS290处于计数工作状态，有下面四种情况。

计数脉冲由CP_0输入，从Q_0输出时，则构成一位二进制计数器。

计数脉冲由CP_1输入，从$Q_3Q_2Q_1$输出时，则构成异步五进制计数器。

如将Q_0和CP_1相连，计数脉冲由CP_0输入，从$Q_3Q_2Q_1Q_0$输出时，则构成8421BCD码异步十进制加法计数器。

如将Q_3和CP_0相连，计数脉冲由CP_1输入，从高位到低位的输出为$Q_0Q_3Q_2Q_1$时，则构成5421BCD码异步十进制加法计数器。

② 利用反馈归零法获得N（任意正整数）进制计数器。

利用计数器的置0功能可获得N进制计数器。集成计数器的置0方式有异步和同步两种。

异步置0与时钟脉冲CP没有任何关系，只要异步置0输入端出现置0信号，计数器便立刻被置0。因此，利用异步置0输入端获得N进制计数器时，应在输入第N个计数脉冲后，通过控制电路产生一个置0信号加到异步置0输入端上，使计数器置0，即实现了N进制计数。

和异步置0不同，同步置0输入端获得置0信号后，计数器并不能立刻被置0，还需要再输入一个计数脉冲CP，计数器才被置0。因此，利用同步置0端获得N进制计数器时，应在输入第N-1个计数脉冲CP时，同步置0端获得置0信号，这样，在输入第N个计数脉冲CP时，计数器才被置0，回到初始的零状态，从而实现N进制计数。利用反馈归零法获得N进制计数器的方法如下：

用S_1，S_2，…，S_N表示输入1，2，…，N个计数脉冲CP时计数器的状态。

a. 写出计数器状态的二进制代码。下面以构成七进制计数器为例进行说明。当利用异步置0端获得七进制计数器时，$S_N=S_7=0111$；当利用同步置0端获得七进制计数器时，$S_{N-1}=S_{7-1}=0110$。

b. 写出反馈归零函数，即求异步置0端信号的逻辑表达式。这实际上是根据S_N和S_{N-1}写置0的逻辑表达式。

c. 画连线图。主要根据反馈归零函数画连线图。

【例6.3.1】试用74LS290构成九进制计数器。

解：当用74LS290构成计数容量小于十的计数器时，一般先将Q_0和CP_1端相连构成8421BCD码十进制加法计数器，然后才用反馈归零法实现。

a. 写出S_N的二进制代码为

$$S_N=S_9=1001$$

b. 写出反馈归零函数，由于74LS290的异步置0信号为高电平1，因此

$$R_0=R_{0A}R_{0B}=Q_3Q_0$$

c. 画连线图。由上式可知，对74LS290而言，要实现九进制计数，应将异步置0输入端R_{0A}和R_{0B}分别接Q_3、Q_0，同时将S_{9A}和S_{9B}接0。因此，其连线图如图6.3.9所示。

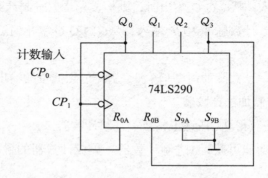

图6.3.9　用74LS290构成九进制计数器

【例6.3.2】用74LS290构成100进制计数器。

解：因为$N=100$，且$100=10×10$，所以要用两片74LS290级联来构成此计数器。每片均接成10进制计数器。片与片之间的连接方式采用串行进位方式（低位片的进位信号作为高位片的时钟信号，即异步计数方式）。其连线图如图6.3.10所示。

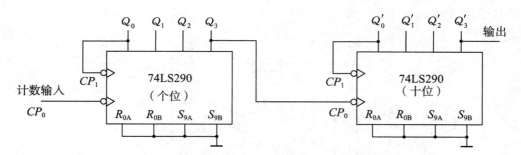

图6.3.10　用两片74LS290构成100进制计数器

【例6.3.3】用74LS290构成二十四进制计数器。

解：因为$N=24$，所以要用两片74LS290。先将两芯片均接成十进制计数器，然后将它们接成100进制计数器，在此基础上，再用反馈归零的方法实现。

① 写出S_N的二进制代码，其中十位为$Q_3'Q_2'Q_1'Q_0'$、个位为$Q_3Q_2Q_1Q_0$，都为8421BCD码的形式，即$S_N=S_{24}=Q_3'Q_2'Q_1'Q_0'Q_3Q_2Q_1Q_0=00100100$

② 写出反馈归零函数，由于74LS290的异步置0信号为高电平1，因此

$$R_0=R_{0A}R_{0B}=Q_1'Q_2$$

③ 画连线图。由上式可知，要实现24进制计数，应将两片74LS290的异步置0输入端R_{0A}、R_{0B}都分别接Q_1'和Q_2，同时将S_{9A}和S_{9B}都接0。因此，其连线图如图6.3.11所示。

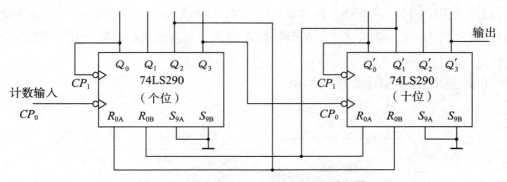

图6.3.11　用两片74LS290构成24进制计数器

6.3.2　同步计数器

为了提高计数速度，可采用同步计数器。其特点是，计数脉冲同时接于各位触发器的时钟脉冲输入端，当计数脉冲到来时，应该翻转的触发器是同时翻转的，没有各级延

迟时间的积累问题。同步计数器也可称为并行计数器。

（1）同步二进制计数器

同步二进制计数器一般由T触发器构成。

① 同步二进制加法计数器。

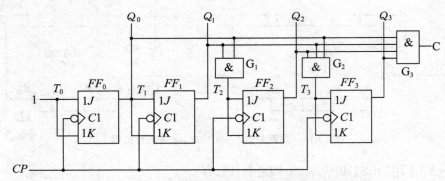

图6.3.12　由JK触发器组成的4位同步二进制加法计数器

　　图6.3.12所示为由JK触发器组成的4位同步二进制加法计数器，各位触发器的时钟脉冲输入端接同一计数脉冲CP，用下降沿触发。由图可见，4个JK触发器都接成了T触发器，各触发器的驱动信号分别为$J_0=K_0=1$、$J_1=K_1=Q_0$、$J_2=K_2=Q_1Q_0$、$J_3=K_3=Q_2Q_1Q_0$。根据同步时序电路的分析方法，可得到该电路的状态表，同表6.3.1所示。设从初态0000开始，因为$J_0=K_0=1$，所以每输入一个计数脉冲CP，最低位触发器FF_0就翻转一次，其他位的触发器FF_i仅在$J_i=K_i=Q_{i-1}Q_{i-2}\cdots Q_0=1$的条件下，在CP下降沿到来时才翻转。

② 同步二进制减法计数器。

　　如果将图6.3.12所示电路中触发器FF_1、FF_2、FF_3的驱动信号分别改为$J_1=K_1=\overline{Q_0^n}$、$J_2=K_2=\overline{Q_1^n}\,\overline{Q_0^n}$、$J_3=K_3=\overline{Q_2^n}\,\overline{Q_1^n}\,\overline{Q_0^n}$，即可构成4位同步二进制减法计数器，其工作过程请读者自行分析。

③ 集成同步二进制计数器74LS161。

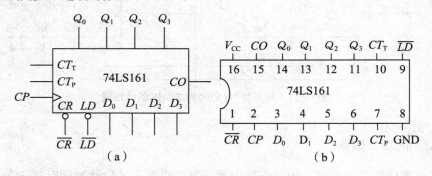

（a）　　　　　　　　　　（b）

图6.3.13　74LS161的逻辑功能示意图和引脚分布图

图6.3.13（a）所示为集成4位同步二进制加法计数器74LS161的逻辑功能示意图，图（b）为其引脚分布图。图中$\overline{CR}$为异步置0端，$\overline{LD}$为同步置数端，CT_P和CT_T为计数使能（控制）端，$D_0 \sim D_3$为并行数据输入端，$Q_0 \sim Q_3$为输出端，CO为进位输出端。表6.3.5所示为74LS161的功能表。

表6.3.5　74LS161的功能表

清零	预置	使能		时钟	预置数据输入				输出				
$\overline{CR}$	$\overline{LD}$	CT_P	CT_T	CP	D_3	D_2	D_1	D_0	Q_3	Q_2	Q_1	Q_0	CO
0	×	×	×	×	×	×	×	×	0	0	0	0	0
1	0	×	×	↑	d_3	d_2	d_1	d_0	d_3	d_2	d_1	d_0	$CO=CT_T Q_3 Q_2 Q_1 Q_0$
1	1	1	1	↑	×	×	×	×	计		数		$CO=Q_3 Q_2 Q_1 Q_0$
1	1	0	×	×	×	×	×	×	保		持		$CO=CT_T Q_3 Q_2 Q_1 Q_0$
1	1	×	0	×	×	×	×	×	保		持		0

由该表6.3.5可知74LS161的逻辑功能如下：

a. 异步清零功能。当$\overline{CR}$=0时，计数器被异步置0，即$Q_3 Q_2 Q_1 Q_0$=0000，进位输出信号CO=0。

b. 同步并行置数功能。当$\overline{CR}$=1、$\overline{LD}$=0时，在输入时钟脉冲CP上升沿的作用下，并行输入的数据$d_3 \sim d_0$被置入计数器，即$Q_3 Q_2 Q_1 Q_0=d_3 d_2 d_1 d_0$，$CO=CT_T Q_3 Q_2 Q_1 Q_0$。

c. 计数功能。当$\overline{CR}=\overline{LD}$=1且$CT_T=CT_P$=1时，$CP$端输入计数脉冲时，计数器按照4位自然二进制码进行同步二进制计数，$CO=Q_3 Q_2 Q_1 Q_0$。

d. 保持功能。当$\overline{CR}=\overline{LD}$=1且$CT_T \cdot CT_P$=0时，计数器状态保持不变。这时，如$CT_P$=0、$CT_T$=1时，则$CO=CT_T Q_3 Q_2 Q_1 Q_0=Q_3 Q_2 Q_1 Q_0$，即进位输出信号不变；如$CT_P$=1、$CT_T$=0时，则$CO$=0，即进位输出为低电平。

④ 利用反馈置数法获得N进制计数器

利用计数器的置数功能也可获得N进制计数器，这时应先将计数起始数据预先置入计数器。集成计数器的置数控制端也有异步和同步之分。

和异步置0一样，异步置数与时钟脉冲CP没有任何关系，只要异步置数控制端出现置数信号时，并行输入的数据便立刻被置入计数器相应的触发器中。因此，利用异步置数控制端获得N进制计数器时，应在输入第N个计数脉冲CP后，通过控制电路产生一个置数信号加到异步置数控制端上，使计数器返回到初始的预置数状态，即实现了N进制计数。

和异步置数不同，同步置数控制端获得置数信号后，计数器并不能立刻被置数，只是为置数创造了条件，还需要再输入一个计数脉冲CP，计数器才被置数。因此，利用同步置数控制端获得N进制计数器时，应在输入第N–1个计数脉冲CP时，使同步置数控制端获得反馈的置数信号，这样，在输入第N个计数脉冲CP时，计数器返回到初始的预置数状态，从而实现N进制计数。

利用反馈置数法获得N进制计数器的方法如下：

用S_1，S_2，$\cdots$，S_N表示输入1，2，$\cdots$，N个计数脉冲CP时计数器的状态。

① 写出计数器状态的二进制代码。当利用异步置数端获得N进制计数器时，写出S_N对应的二进制代码；当利用同步置数端获得N进制计数器时，写出S_{N-1}对应的二进制代码。

② 写出反馈置数函数，这实际上是根据S_N和S_{N-1}写出置数端的逻辑表达式。

③ 画连线图。主要根据反馈置数函数画连接图。

【例6.3.4】试用74LS161构成十进制计数器。

解：由于74LS161设有异步置0端$\overline{CR}$和同步置数端$\overline{LD}$，利用两个控制端都可构成十进制计数器，设计数器从$Q_3Q_2Q_1Q_0=0000$状态开始计数。下面分别介绍。

（1）利用异步置0端$\overline{CR}$实现十进制计数器。

① 写出S_N的二进制代码

$$S_N=S_{10}=1010$$

② 写出反馈归零函数

$$\overline{CR}=\overline{Q_3Q_1} \qquad (6.3.1)$$

③ 画连线图。根据上式画连线图，如图6.3.14所示。

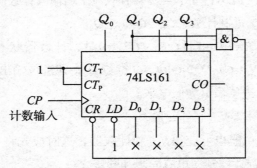

图6.3.14　利用异步置0端$\overline{CR}$实现十进制计数器

（2）利用同步置数端$\overline{LD}$端实现十进制计数器。

设计数器从$Q_3Q_2Q_1Q_0=0000$开始计数，因此取预置数为$D_3D_2D_1D_0=0000$。

① 写出S_{N-1}的二进制代码

$$S_{N-1}=S_9=1001$$

② 写反馈置数函数

$$\overline{LD}=\overline{Q_3Q_0} \qquad (6.3.2)$$

③ 画连线图。根据上式画连线图，如图6.3.15所示。

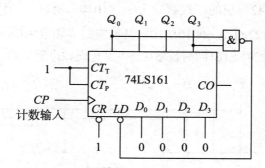

图6.3.15 利用同步置数端$\overline{LD}$端实现十进制计数器

【例6.3.5】用74LS161组成256进制计数器。

解：因为$N=256$，且$256=16\times16$，所以要用两片74LS161构成此计数器。每片均接成16进制计数器。片与片之间的连接方式有并行进位（低位片的进位信号作为高位片的计数使能信号），如图6.3.16，和串行进位（低位片的进位信号作为高位片的时钟信号，即异步计数方式），如图6.3.17。

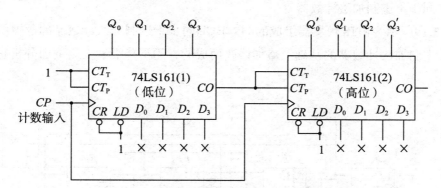

图6.3.16 用并行进位方式组成256进制计数器

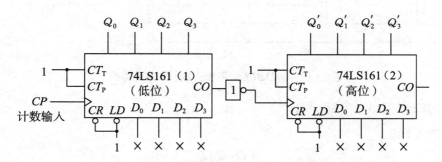

图6.3.17 用串行进位方式组成256进制计数器

【例6.3.6】用两片74LS161组成42进制计数器。

解：因为十进制数42对应的二进制数为00101010，所以，当计数器计到42时，计数器的状态为$Q_3'Q_2'Q_1'Q_0'Q_3Q_2Q_1Q_0$=00101010，其反馈归零函数为$\overline{CR}=\overline{Q_1'Q_3Q_1}$，这时，与非门输出低电平0，使两片74LS161同时被置0，从而实现42进制计数。如图6.3.18所示。

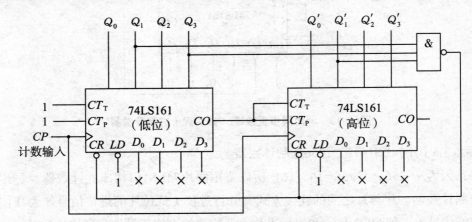

图6.3.18 两片74*LS*161构成的四十二进制计数器

（2）同步十进制加法计数器

图6.3.19所示为由JK触发器组成的8421BCD同步十进制加法计数器的逻辑图，它是在同步二进制加法计数器的基础上略加修改而成的，用下降沿触发。下面分析它的工作原理。

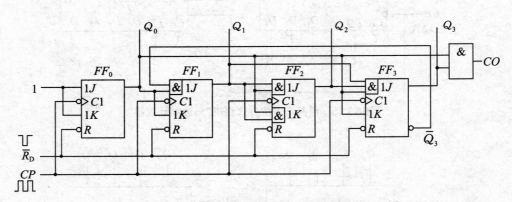

图6.3.19 8421*BCD*码同步十进制加法计数器

① 写逻辑方程式。

a. 输出方程

$$CO=Q_3^nQ_0^n \qquad (6.3.3)$$

b. 驱动方程

$$J_0=K_0=1$$

$$J_1 = \overline{Q_3^n} Q_0^n, \quad K_1 = Q_0^n$$
$$J_2 = Q_1^n Q_0^n, \quad K_2 = Q_1^n Q_0^n \qquad (6.3.4)$$
$$J_3 = Q_2^n Q_1^n Q_0^n, \quad K_3 = Q_0^n$$

c. 状态方程，将驱动方程代入JK触发器的特性方程中，便得到计数器的状态方程，为

$$Q_0^{n+1} = J_0 \overline{Q_0^n} + \overline{K_0} Q_0^n = \overline{Q_0^n}$$
$$Q_1^{n+1} = J_1 \overline{Q_1^n} + \overline{K_1} Q_1^n = \overline{Q_3^n} Q_0^n \overline{Q_1^n} + \overline{Q_0^n} Q_1^n$$
$$Q_2^{n+1} = J_2 \overline{Q_2^n} + \overline{K_2} Q_2^n = Q_1^n Q_0^n \overline{Q_2^n} + \overline{Q_0^n Q_0^n} Q_2^n \qquad (6.3.5)$$
$$Q_3^{n+1} = J_3 \overline{Q_3^n} + \overline{K_3} Q_3^n = Q_2^n Q_1^n Q_0^n \overline{Q_3^n} + \overline{Q_0^n} Q_3^n$$

② 列状态转换真值表。设计数器的初态为0000，代入输出方程和状态方程中进行计算，便得如6.3.6所示的状态表。

表6.3.6　十进制计数器状态表

计数顺序	计数器状态				输　出
	Q_3	Q_2	Q_1	Q_0	CO
0	0	0	0	0	0
1	0	0	0	1	0
2	0	0	1	0	0
3	0	0	1	1	0
4	0	1	0	0	0
5	0	1	0	1	0
6	0	1	1	0	0
7	0	1	1	1	0
8	1	0	0	0	0
9	1	0	0	1	1
10	0	0	0	0	0

（3）集成同步十进制加法计数器74LS160

图6.3.20（a）所示为集成同步十进制加法计数器74LS160的逻辑功能示意图，图（b）为其引脚分布图。图中$\overline{CR}$为异步置0端，$\overline{LD}$为同步置数端，CT_T和CT_P为计数使能（控制）端，$D_0 \sim D_3$为并行数据输入端，$Q_0 \sim Q_3$为输出端，CO为进位输出端。表6.3.7所示为74LS160的功能表。

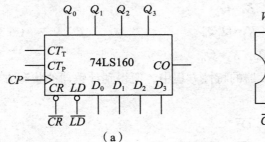
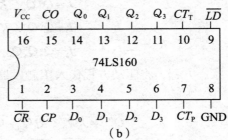

图6.3.20　74LS160的逻辑功能示意图和引脚分布图

表6.3.7　74LS160的功能表

清零	预置	使	能	时钟	预置数据输入				输	出			
$\overline{CR}$	$\overline{LD}$	CT_P	CT_T	CP	D_3	D_2	D_1	D_0	Q_3	Q_2	Q_1	Q_0	CO
0	×	×	×	×	×	×	×	×	0	0	0	0	0
1	0	×	×	↑	d_3	d_2	d_1	d_0	d_3	d_2	d_1	d_0	$CO=CT_T Q_3 Q_0$
1	1	1	1	↑	×	×	×	×		计	数		$CO=Q_3 Q_0$
1	1	0	×	×	×	×	×	×		保	持		$CO=CT_T Q_3 Q_0$
1	1	×	0	×	×	×	×	×		保	持		0

由该表6.3.7可知74LS160的逻辑功能如下：

① 异步清零功能。当$\overline{CR}=0$时，计数器被异步置0，即$Q_3 Q_2 Q_1 Q_0=0000$，进位输出信号$CO=0$。

② 同步并行置数功能。当$\overline{CR}=1$、$\overline{LD}=0$时，在输入时钟脉冲CP上升沿的作用下，并行输入的数据$d_3 \sim d_0$被置入计数器，即$Q_3 Q_2 Q_1 Q_0=d_3 d_2 d_1 d_0$，$CO=CT_T Q_3 Q_0$。

③ 计数功能。当$\overline{CR}=\overline{LD}=1$且$CT_T=CT_P=1$时，$CP$端输入计数脉冲时，计数器按照8421BCD码的规律进行十进制加法计数，$CO=Q_3 Q_0$。

④ 保持功能。当$\overline{CR}=\overline{LD}=1$且$CT_T \cdot CT_P=0$时，计数器状态保持不变。这时，如$CT_P=0$、$CT_T=1$时，则$CO=CT_T Q_3 Q_0=Q_3 Q_0$；如$CT_P=1$、$CT_T=0$时，则$CO=CT_T Q_3 Q_0=0$。

【例6.3.7】试用74LS160异步置0功能构成六进制计数器。

解：① 写出S_N的二进制代码

$$S_N=S_6=0110$$

② 写出反馈归零函数

$$\overline{CR}=\overline{Q_2 Q_1} \tag{6.3.6}$$

③ 画连线图。根据上式画连线图，如图6.3.21所示。

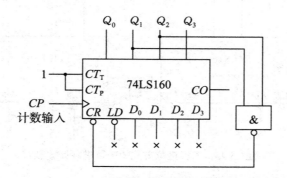

图6.3.21　用74LS160异步置0功能构成六进制计数器

【例6.3.8】用两片74LS160构成的一百进制计数器。

解：本例中N=100，将两片74LS160直接按并行进位方式或串行进位方式连接即得100进制计数器，设初始状态为0。

图6.3.22所示电路是并行进位方式的接法。以第（1）片的进位输出CO作为第（2）片的CT_P和CT_T输入，每当第（1）片计成9（1001）时CO变为1，此时，第（2）片变为计数状态，下一个CP计数脉冲到达时计入1，而第（1）片变成0（0000），它的CO端回到低电平。第（1）片的CT_P和CT_T恒为1，始终为计数状态。这样，每当个位计数器计到9时，再来一个计数脉冲CP时，十位计数器加1，直到整个计数器计到99时，再来第100个计数脉冲CP时，计数器返回到初始状态0。

图6.3.23所示电路是串行进位方式的接法。两片74LS160的CT_P和CT_T恒为1，都工作在计数状态。第（1）片每计到9（1001）时CO端输出变为高电平，经反相器后使第（2）片的CP端为低电平。下个计数输入脉冲到达后，第（1）片计成0（0000）状态，CO端跳回低电平，经反相后使第（2）片的CP输入端产生一个正跃变，于是第（2）片计入1。可见，在这种接法下两片74LS160不是同步工作的。

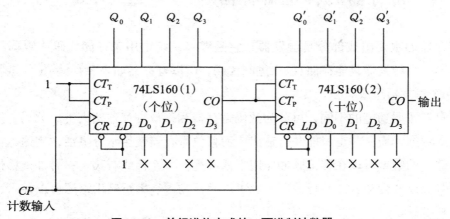

图6.3.22　并行进位方式的一百进制计数器

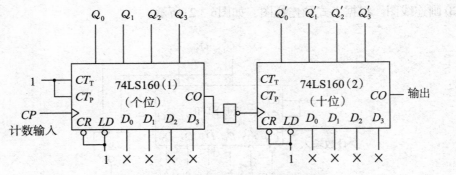

图6.3.23　串行进位方式的一百进制计数器

【例6.3.9】用两片74LS160构成12小时计数器，要求其计数状态为1～12。

解：计数器的状态一般都是从0开始的，但是生活中的计数很多情况是从1开始的，如本例。这时，应采用同步置数方式实现，其预置数为1。其实现电路如图6.3.24所示。

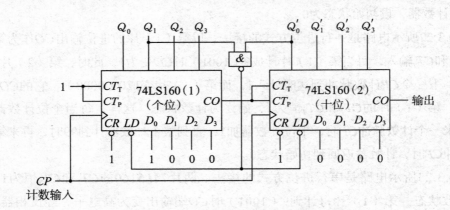

图6.3.24　用两片74LS160构成的12小时计数器

6.4　寄存器和移位寄存器

寄存器的主要组成部分是触发器，它是数字系统中用来存储代码或数据的逻辑部件。由于一个触发器只能存储1位二进制代码，所以寄存器如果要存储n位二进制代码就需要用n个触发器组成。

寄存器按照功能的不同，可分为数码寄存器和移位寄存器两大类。数码寄存器只能并行送入数据，需要时也只能并行输出。而移位寄存器使用十分灵活，用途也很广。移位寄存器中的数据可以在移位脉冲作用下依次逐位（左移或右移）；另外，移位寄存器的数据既可以并行输入、并行输出，也可以串行输入、串行输出，还可以并入、串出，串入、并出等。

6.4.1　数码寄存器

（1）单拍工作方式的数码寄存器

图6.4.1是一个由维持阻塞D触发器组成的单拍工作方式的4位数码寄存器。D触发器的时钟脉冲CP端接收控制脉冲。无论寄存器中原来的内容是什么，只要送数控制时钟脉冲CP上升沿到来，加在并行数据输入端的数据$D_0 \sim D_3$，就立即被送入寄存器，即有：$Q_3^{n+1}Q_2^{n+1}Q_1^{n+1}Q_0^{n+1}=D_3D_2D_1D_0$。

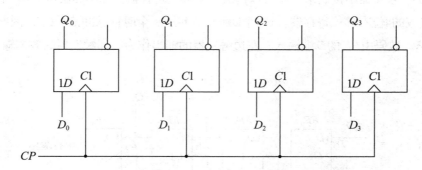

图6.4.1　由D触发器组成的单拍工作方式的4位数码寄存器

（2）双拍工作方式的数码寄存器

图6.4.2是一个由维持阻塞D触发器组成的双拍工作方式的4位数码寄存器逻辑电路，它有两个控制信号输入端，一是置0输入端$\overline{CR}$（即清零端）；二是置数输入端CP（即接收控制端）。其工作过程如下。

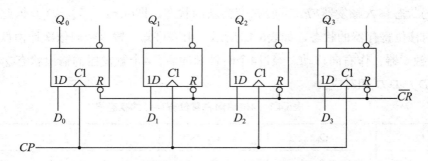

图6.4.2　由D触发器组成的双拍工作方式的4位数码寄存器

① 清零过程。在寄存器接收数码之前，首先要对寄存器进行清零，只要给清零端$\overline{CR}$加入负脉冲，即有：$Q_3^nQ_2^nQ_1^nQ_0^n=0000$。

② 接收过程。清零之后，$\overline{CR}$变为高电平，这时只要给接收控制端CP加入一个上升沿，就能将$D_3D_2D_1D_0$四个数码送到输出端，即有：$Q_3^{n+1}Q_2^{n+1}Q_1^{n+1}Q_0^{n+1}=D_3D_2D_1D_0$。

③ 保持过程。在接收数码之后，当$\overline{CR}=1$、CP上升沿以外的时间，寄存器内容将保持不变。

6.4.2 移位寄存器

上面介绍的数码寄存器只有寄存数据或代码的功能。有时为了处理数据，需要将寄存器中的各位数据在移位控制信号作用下，依次向高位或向低位移动1位。具有移位功能的寄存器称为移位寄存器。

（1）单向移位寄存器

把若干个触发器串接起来，就可以构成一个移位寄存器。图6.4.3所示为由4个维持阻塞 D触发器组成的4位右移位寄存器。这4个D触发器共用一个时钟脉冲信号CP，因此为同步时序逻辑电路。数码由FF_0的D_1端输入，左边触发器的输出作为右邻触发器的数据输入。

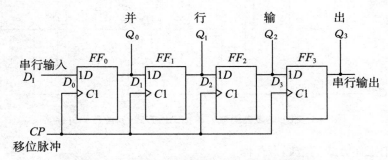

图6.4.3 由D触发器组成的4位右移位寄存器

假设移位寄存器的初始状态为0000，现将数码$D_3D_2D_1D_0$从高位（D_3）到低位（D_0）依次送到串行输入D_1端，经过第一个时钟脉冲后，$Q_0=D_3$。经过第二个时钟脉冲后，触发器FF_0的状态移入触发器FF_1，而FF_0变为新的状态，即$Q_1=D_3$，$Q_0=D_2$。依此类推，可得4位右向移位寄存器的状态，如表6.4.1所示。由表可知，输入数码依次地由低位触发器移到高位触发器，作右向移动。经过4个时钟脉冲后，4个触发器的输出状态$Q_3Q_2Q_1Q_0$与输入数码$D_3D_2D_1D_0$相对应。

表6.4.1 4位单向右移位寄存器的状态表

CP	Q_0	Q_1	Q_2	Q_3
0	0	0	0	0
1	D_3	0	0	0
2	D_2	D_3	0	0
3	D_1	D_2	D_3	0
4	D_0	D_1	D_2	D_3

（2）双向移位寄存器

若将图6.4.3所示电路中各触发器的连接顺序调换一下，让右边触发器的输出作为左邻触发器的数据输入，则可构成左向移位寄存器。若再增加一些控制门，则可构成既能右移（由低位向高位）、又能左移（由高位向低位）的双向移位寄存器。

6.4.3 集成移位寄存器74LS194

集成寄存器74LS194为4位双向移位寄存器，图6.4.4所示为它的逻辑功能示意图。图中$\overline{R}_D$为置零端，$D_0 \sim D_3$为并行输入端，D_{IR}为右移输入端，D_{IL}为左移输入端，S_0和S_1为工作方式控制端，$Q_0 \sim Q_3$为并行输出端，CP为移位脉冲输入端。74LS194的功能表如表6.4.2所示，由该表可知它有如下主要功能。

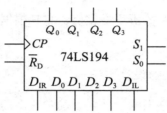

图6.4.4　74LS194的逻辑功能示意图

（1）置0功能。当$\overline{R}_D$=0时，双向移位寄存器置0，即$Q_3Q_2Q_1Q_0$=0000。

（2）保持功能。当$\overline{R}_D$=1、CP=0，或$\overline{R}_D$=1、S_1S_0=00时，双向移位寄存器保持原状态不变。

（3）并行送数功能，当$\overline{R}_D$=1、S_1S_0=11时，在CP上升沿作用下，使$D_0 \sim D_3$端输入的数码并行送入寄存器，显然是同步并行送数。

（4）右移串行送数功能。当$\overline{R}_D$=1、S_1S_0=01时，在CP上升沿作用下，执行右移功能，DIR端输入的数码依次送入寄存器。

（5）左移串行送数功能。当$\overline{R}_D$=1，S_1S_0=10时，在CP上升沿作用下，执行左移功能，D_{IL}端输入的数码依次送入寄存器。

表6.4.2　74LS194的功能表

输　　入										输　　出				说明
$\overline{R}_D$	S_1	S_0	CP	D_{IL}	D_{IR}	D_0	D_1	D_2	D_3	Q_0	Q_1	Q_2	Q_3	
0	×	×	×	×	×	×	×	×	×	0	0	0	0	置零
1	×	×	0	×	×	×	×	×	×	保　持				
1	1	1	↑	×	×	d_0	d_1	d_2	d_3	d_0	d_1	d_2	d_3	并行置数
1	0	1	↑	×	1	×	×	×	×	1	Q_0	Q_1	Q_2	右移输入1
1	0	1	↑	×	0	×	×	×	×	0	Q_0	Q_1	Q_2	右移输入0
1	1	0	↑	1	×	×	×	×	×	Q_1	Q_2	Q_3	1	左移输入1
1	1	0	↑	0	×	×	×	×	×	Q_1	Q_2	Q_3	0	左移输入0
1	0	0	×	×	×	×	×	×	×	保　持				

有时要求在移位过程中数据不要丢失、仍然保持在寄存器中。此时，只要将移位寄

存器的最高位的输出接至最低位的输入端，或将最低位的输出接至最高位的输入端，即将移位寄存器的首尾相连就可实现上述功能。这种寄存器称为循环移位寄存器，它也可以作为计数器用，称为环形计数器。

6.5　同步时序逻辑电路的设计

同步时序逻辑电路的设计和分析正好相反，它是根据给定逻辑功能的要求，设计出能满足要求的同步时序电路。

6.5.1　同步时序逻辑电路的设计方法

设计同步时序电路的关键是根据设计要求确定状态转换的规律和求出各触发器的驱动方程。同步时序电路的设计方法如下。

（1）根据设计要求，设定状态，画出状态转换图。

（2）状态化简。

在拟定状态转换图时，在保证满足逻辑功能要求的前提下，电路越简单越好。因此，应将多余的重复状态，即等价状态合并为一个状态，这样，便可获得最简的状态转换图。

（3）状态分配，列出状态转换编码表。

化简后的电路状态通常采用自然二进制数进行编码。每个触发器表示一位二进制数，因此，触发器的数目n可按下式确定

$$2^n \geqslant N > 2^{n-1} \tag{6.5.1}$$

式中，N为电路的状态数。

（4）选择触发器的类型，求出输出方程、状态方程和驱动方程。

在求出触发器的状态方程、输出方程后，再将状态方程和触发器的特性方程进行比较，从而求得驱动方程。

由于JK触发器使用比较灵活，因此，在设计中多选用JK触发器。

（5）根据驱动方程和输出方程画逻辑图。

（6）检查电路有无自启动能力。

如设计的电路存在无效状态时，应检查电路进入无效状态后，能否在时钟脉冲CP作用下自动返回有效状态工作。如能回到有效状态，则电路有自启动能力；如不能，则需修改设计，其方法是：在驱动信号之卡诺图的包围圈中，对无效状态×的处理作适当修改，即原来取1画入包围圈的，可试改为取0而不画入包围圈，或者相反。得到新的驱动

方程和逻辑图，再检查其自启动能力，直到能够自启动为止。

6.5.2 同步时序电路的设计举例

【例6.5.1】设计一个递增同步六进制计数器，要求计数器状态转换代码具有相邻性（相邻的两组代码中只有一位代码不同），且代码不包含全0和全1的码组。

解：设计步骤

（1）根据设计要求，设定状态，画状态转换图。由于是六进制计数器，因此，应有6个不同的状态。分别用S_0，S_1，S_2，S_3，S_4，S_5表示，在状态为S_5时输出$Y=1$。当输入第6个计数脉冲时，计数器返回初始状态，同时，输出Y向高位送出一个进位脉冲。状态转换图如图6.5.1所示。

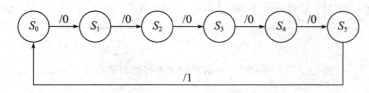

图6.5.1 ［例6.5.1］计数器的状态转换图

（2）状态化简。六进制计数器应有6个不同的状态，已不能再作状态化简。

（3）状态分配，列出状态转换编码表。根据$2^n \geq N > 2^{n-1}$可知，在$N=6$时，$n=3$，即采用三位二进制代码。该计数器选用二进制编码，如表6.5.1所示。

表6.5.1 ［例6.5.1］计数器的状态转换编码表

状态转换顺序	现态			次态			输出
	Q_2^n	Q_1^n	Q_0^n	Q_2^{n+1}	Q_1^{n+1}	Q_0^{n+1}	Y
S_0	0	0	1	0	1	1	0
S_1	0	1	1	0	1	0	0
S_2	0	1	0	1	1	0	0
S_3	1	1	0	1	0	0	0
S_4	1	0	0	1	0	1	0
S_5	1	0	1	0	0	0	1

（4）选择触发器的类型，求出输出方程、状态方程和驱动方程。这里选用JK触发器，其特性方程为$Q^{n+1}=J\overline{Q^n}+K\overline{Q^n}$。根据表6.5.1可画出图6.5.2所示的各触发器次态和输出函数的卡诺图。由此可求得

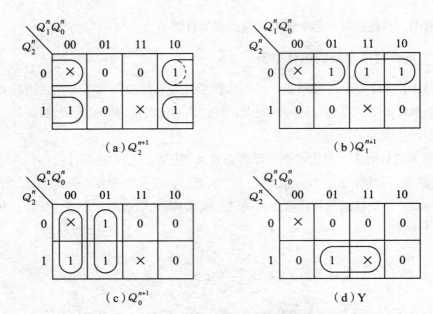

图6.5.2　[例6.5.1] 计数器的次态和输出函数的卡诺图

输出方程为

$$Y = Q_2^n Q_0^n \tag{6.5.3}$$

状态方程为

$$Q_2^{n+1} = \overline{Q_0^n}\ \overline{Q_2^n} + \overline{Q_0^n} Q_2^n$$
$$Q_1^{n+1} = \overline{Q_2^n}\ \overline{Q_1^n} + \overline{Q_2^n} Q_1^n \tag{6.5.3}$$
$$Q_0^{n+1} = \overline{Q_1^n}\ \overline{Q_0^n} + \overline{Q_1^n} Q_0^n$$

驱动方程为

$$J_2 = \overline{Q_0^n},\quad K_2 = Q_0^n$$
$$J_1 = \overline{Q_2^n},\quad K_1 = Q_2^n \tag{6.5.4}$$
$$J_0 = \overline{Q_1^n},\quad K_0 = Q_1^n$$

（5）根据驱动方程和输出方程画逻辑图，如图6.5.3所示。

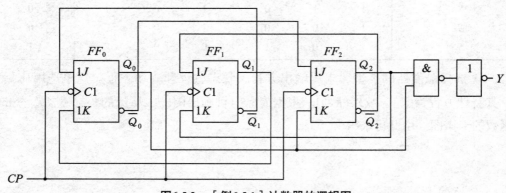

图6.5.3　[例6.5.1] 计数器的逻辑图

（6）检查电路有无自启动能力。将两个无效状态000和111代入状态方程式（6.5.3）中进行计算后获得111和000又都是无效状态。因此需要对电路设计进行修改。将（a）卡诺图中的000方格中的任意项×改为0，单独圈010方格，可得Q_2状态方程为$Q_2^{n+1}=Q_1^n\overline{Q_0^n}\ \overline{Q_2^n}+\overline{Q_0^n}Q_2^n$，驱动方程为$J_2=Q_1^n\ \overline{Q_0^n}$，$K_2=Q_0^n$，根据此式对电路图6.5.3也作相应的修改。

最后得修改后的完整的状态图如图6.5.4所示，可以发现经过修改后的逻辑电路具有自启动能力了。

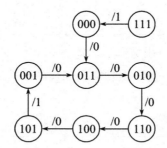

图6.5.4　［例6.5.1］计数器的完整的状态图

【例6.5.2】设计一个脉冲序列为10100的序列脉冲发生器。

解：设计步骤：

（1）根据设计要求设定状态，画状态转换图。由于串行输出Y的脉冲序列为10100，故电路应有5个状态，即$N=5$，它们分别用S_0，S_1，S_2，S_3，S_4表示。输入第一个时钟脉冲CP时，状态由S_0转到S_1，输出1；输入第二个CP时钟脉冲时，状态由S_1转为S_2，输出$Y=0$；其余依次类推。由此可画出图6.5.5所示的状态转换图。

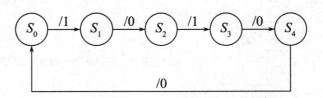

图6.5.5　［例6.5.2］的脉冲序列状态转换图

（2）状态分配，列出状态转换编码表。根据$2^n\geqslant N>2^{n-1}$可知，在$N=5$时，$n=3$，即采用三位二进制代码。该序列脉冲发生器采用自然二进制加法计数编码，即$S_0=000$，$S_1=001$，$S_2=010$，$S_3=011$，$S_4=100$，由此可列出表6.5.2所示的状态转换编码表。

表6.5.2　［例6.5.2］电路状态转换编码表

状态转换顺序	现态			次态			输出
	Q_2^n	Q_1^n	Q_0^n	Q_2^{n+1}	Q_1^{n+1}	Q_0^{n+1}	Y
S_0	0	0	0	0	0	1	1
S_1	0	0	1	0	1	0	0
S_2	0	1	0	0	1	1	1
S_3	0	1	1	1	0	0	0
S_4	1	0	0	0	0	0	0

（3）选择触发器类型，求输出方程、状态方程和驱动方程。选用JK触发器，根据表6.5.2可画出图6.5.6所示的各触发器次态和输出函数的卡诺图，由此可求得：

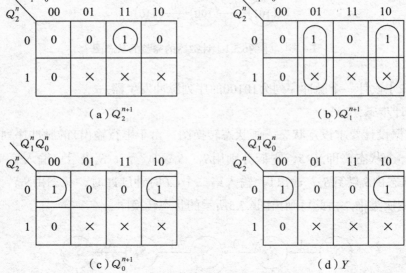

图6.5.6　［例6.5.2］序列脉冲发生器的次态和输出函数的卡诺图

输出方程

$$Y=\overline{Q_2^n}\ \overline{Q_0^n} \tag{6.5.5}$$

状态方程

$$Q_2^{n+1}=Q_1^nQ_0^n\ \overline{Q_2^n}+\overline{1}\,Q_2^n$$
$$Q_1^{n+1}=Q_0^n\ \overline{Q_1^n}+\overline{Q_0^n}\,Q_1^n \tag{6.5.6}$$
$$Q_0^{n+1}=\overline{Q_2^n}\ \overline{Q_0^n}+\overline{1}\,Q_0^n$$

驱动方程

$$J_2=Q_1^nQ_0^n,\ \ K_2=1$$
$$J_1=Q_0^n,\ \ K_1=Q_0^n \tag{6.5.7}$$

$$J_0 = \overline{Q_2^n}, \quad K_0 = 1$$

（4）根据驱动方程和输出方程画逻辑图。根据式（6.5.5）和（6.5.7）可画出图6.5.7 所示的产生脉冲序列为10100的序列脉冲发生器。

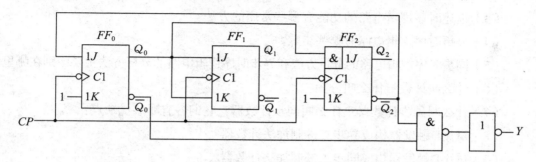

图6.5.7 脉冲序列为10100的序列脉冲发生器

（5）检查电路有无自启动能力。将3个无效状态101、110、111代入状态方程中进行计算后得的010、010、000都为有效状态，这说明一旦电路进入无效状态时，只要继续输入时钟脉冲CP，电路便可自动返回有效工作状态。

本章小结

1. 时序逻辑电路与组合逻辑电路不同，在逻辑功能及其描述方法、电路结构、分析方法和设计方法上都有明显的区别。

时序电路在逻辑功能上的特点是：电路在任一时刻的输出状态不仅取决于该时刻的输入信号，而且与输入信号作用前电路的历史状态有关。在电路结构上的特点是：必须包含有记忆功能的电路。

2. 时序逻辑电路分析的基本步骤：

① 根据给定的时序电路图写出下列各逻辑方程式：输出方程、驱动方程、状态方程；② 列状态转换真值表；③ 画状态转换图和时序图；④ 逻辑功能的说明。

3. 计数器是一种应用十分广泛的时序电路，它可利用触发器和门电路构成。但在实际工作中，主要是利用集成计数器来构成。计数器除用于计数、分频外，还广泛用于数字测量、运算和控制，是现代数字系统中不可缺少的组成部分。

4. 寄存器也是一种基本时序电路，它是用来存放二进制数据或代码的电路。寄存器的应用很广，特别是移位寄存器，不仅可将串行数码转换成并行数码，或将并行数码转换成串行数码，还可以很方便地构成顺序脉冲发生器等电路。

5. 同步时序电路的设计首先应根据设计要求求出最简状态表（编码表），用卡诺图求出状态方程和驱动方程，由此画出逻辑图，并检查电路的自启动能力。

思考题

（1）时序逻辑电路有什么特点？它和组合逻辑电路的区别是什么？

（2）什么是同步时序逻辑电路？什么是异步时序逻辑电路？它们各有什么优缺点？

（3）描述时序逻辑电路的功能有哪些常用的方法？

（4）分析时序逻辑电路有哪些步骤？

（5）同步时序逻辑电路的分析方法和异步时序逻辑电路的分析方法主要区别在哪里？

（6）什么叫计数？什么叫分频？

（7）什么叫异步计数器？什么叫同步计数器？它们各有哪些优缺点？

（8）试用D触发器构成异步二进制加法计数器？

（9）试用D触发器构成同步二进制加法计数器？

（10）如何将74LS290连接成5421码十进制计数器？

（11）什么叫寄存器？什么叫移位寄存器？它们有哪些异同点？

（12）试用JK触发器构成一个4位单向移位寄存器，并说明其工作原理。

（13）单向移位寄存器和双向移位寄存器有哪些异同点？

（14）试述同步时序电路的设计步骤。

（15）如何检查设计出来的同步时序电路能否自启动？

练习题

［题6.1］分析图P6.1时序电路的逻辑功能。

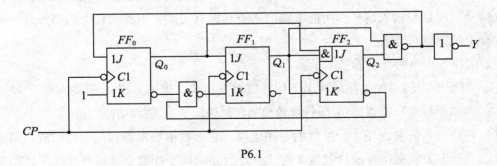

P6.1

［题6.2］分析图P6.2时序电路的逻辑功能。

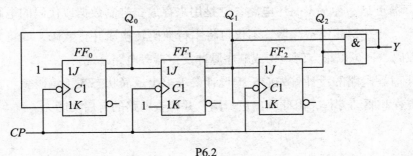

P6.2

[题6.3] 分析图P6.3时序电路的逻辑功能。

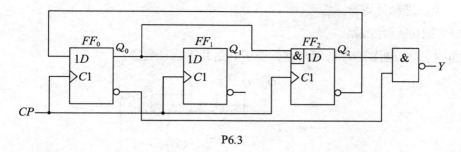

P6.3

[题6.4] 试将图P6.4中的电路接成相应的计数器。

（1）异步二进制加法计数器。

（2）异步二进制减法计数器。

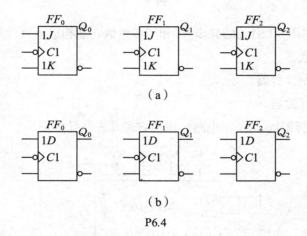

P6.4

[题6.5] 试用74LS290异步置0功能构成下列计数器：

（1）七进制计数器。

（2）六十进制计数器。

[题6.6] 试分析图P6.6所示电路，说明它是几进制计数器？

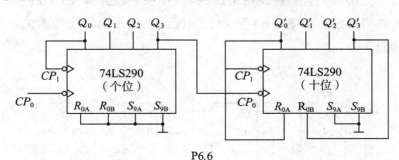

P6.6

[题6.7] 试分别用74LS161的异步置0和同步置数功能构成下列计数器:

(1)十二进制计数器。

(2)三十进制计数器。

[题6.8] 试分析图P6.8所示电路,说明它是几进制计数器?

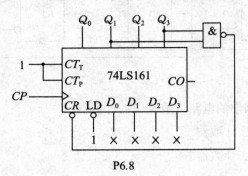

P6.8

[题6.9] 试分别用74LS160的异步置0和同步置数功能构成下列计数器:

(1)六进制计数器。

(2)二十八进制计数器。

(3)一千进制计数器。

[题6.10] 试分析图P6.10所示电路,说明它是几进制计数器?

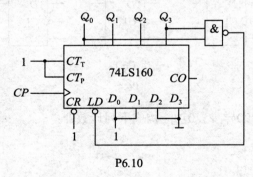

P6.10

[题6.11] 由维持阻塞D触发器构成的4位移位寄存器如图P6.11（a）所示,若 D_0 和 CP 输入的信号波形如图（b）所示,试画出各触发器输出端的波形,设初态为 $Q_3Q_2Q_1Q_0=0000$。

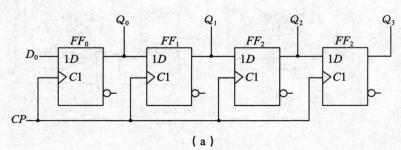

（a）

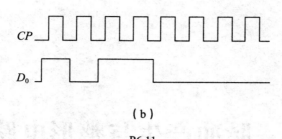

（b）

P6.11

[题6.12] 试画出由维持阻塞D触发器构成的4位左移位寄存器。

[题6.13] 试用两片集成双向移位寄存器74LS194组成8位双向移位寄存器（画出接线图）。

[题6.14] 试用JK触发器设计一个同步五进制加法计数器，并检查能否自启动。

[题6.15] 试用JK触发器设计一个脉冲序列为1101的同步时序逻辑电路。

[题6.16] 试用维持阻塞D触发器设计一个同步四进制加法计数器。

[题6.17] 试用74LS161和74LS151构成一个序列为10011011的顺序脉冲发生器。

[题6.18] 试用74LS161和74LS138构成一个顺序脉冲发生器。

7 脉冲产生与整形电路

本章主要介绍数字电路中矩形脉冲的产生与整形电路。首先介绍555定时器的结构及其逻辑功能，然后介绍两类最常见的脉冲整形电路——施密特触发器和单稳态触发器电路。在本章的最后，介绍了脉冲产生电路——多谐振荡器电路。

7.1 概 述

在数字电路中，矩形脉冲波形的获取有两种方法：① 直接产生——利用多谐振荡器；② 整形产生——对已有的周期信号进行变化，使其满足系统要求。以图7.1.1所示实际矩形脉冲来说明定量描述脉冲波形的几个主要参数。

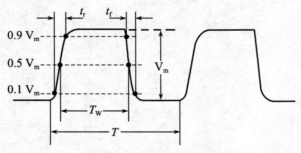

图7.1.1 矩形脉冲的主要参数

脉冲波形的主要参数：

（1）脉冲周期T：在周期性的脉冲中，两个相邻脉波形重复出现的时间间隔。单位为秒。

（2）脉冲频率f：单位时间内，脉冲波形出现的次数。单位为赫兹。

（3）脉冲上升时间t_r：脉冲波形上升沿从$0.1\ V_m$上升到$0.9\ V_m$需要的时间。单位为秒。

（4）脉冲下降时间t_f：脉冲波形下降沿从$0.9\ V_m$下降到$0.1\ V_m$需要的时间。单位为秒。

（5）脉冲幅度V_m：脉冲波形电压的最大变化幅度。单位为伏特。

（6）脉冲宽度T_w：从脉冲波形上升沿的$0.5\ V_m$到脉冲波形下降沿的$0.5\ V_m$需要的时间。单位为秒。

（7）占空比q：脉冲宽度与脉冲周期的比值。

7.2 555定时器的电路结构及其逻辑功能

555定时器又称时基电路。555定时器按照内部元件为双极型和单极型两种。双极型内部采用的是晶体管；单极型内部采用的则是场效应管。555定时器是一种电路结构简单，使用灵活、方便，用途广泛的中规模集成电路。只需要外接少数几个阻容元件就可以组成施密特触发器、单稳态触发器和多谐振荡器。

7.2.1 555定时器的电路结构

555定时器的电路结构逻辑图如图7.2.1所示。主要由以下四部分组成。

（1）三个5 kΩ电阻组成的分压器。

（2）两个电压比较器 C_1和C_2。U_6和U_2是C_1和C_2的输入端，也称为阈值端，分别用TH和$\overline{TR}$标注。

（3）一个基本RS触发器。

（4）放电三极管V_1、缓冲器G_4。

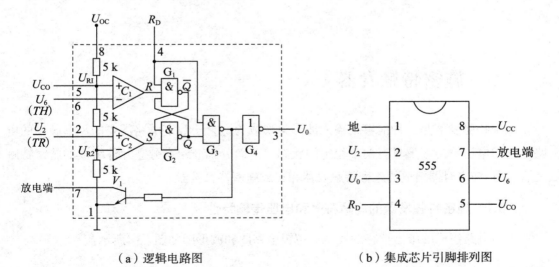

（a）逻辑电路图   （b）集成芯片引脚排列图

图7.2.1 555定时器的电路结构逻辑图

7.2.2　555定时器的逻辑功能

555定时器的逻辑功能表如表7.2.1所示。

表7.2.1　555定时器的逻辑功能表

阈值输入	阈值输入	复位	输出
U_6	U_2	RD	U_0
×	×	0	0
$<2/3VCC$	$<1/3VCC$	1	1
$>2/3VCC$	$>1/3VCC$	1	0
$<2/3VCC$	$>1/3VCC$	1	不变
$>2/3VCC$	$<1/3VCC$	1	1

（1）$R_D=0$时，逻辑门G_3输出为1，$U_0=0$，T导通。R_D称为复位端。

（2）$R_D=1$，$U_6>U_{R1}$、$U_2>U_{R2}$时，$C_1=0$、$C_2=1$，逻辑门G_3输出为1，$U_0=0$，T饱和导通。由三个5 kΩ分压电阻可得$U_{R1}=2V_{CC}/3$，　$U_{R2}=V_{CC}/3$。

（3）$R_D=1$，$U_6<U_{R1}$、$U_2>U_{R2}$时，$C_1=1$、$C_2=1$，逻辑门G_3输出不变，U_0不变，T状态不变。

（4）$R_D=1$，$U_6<U_{R1}$、$U_2<U_{R2}$时，$C_1=1$、$C_2=0$，逻辑门G_3输出为0，$U_0=1$，T截止。

（5）$R_D=1$，$U_6>U_{R1}$、$U_2<U_{R2}$时，$C_1=1$、$C_2=0$，逻辑门G_3输出为0，$U_0=1$，T截止。

7.3　施密特触发器

施密特触发器是一种能够把输入波形整形成为适合于数字电路需要的矩形脉冲的电路。它的电压输出波形具有两个稳定的状态。下面分别介绍由分立元件组成的施密特触发器，由555定时器组成的施密特触发器和集成施密特触发器。

7.3.1　施密特触发器的逻辑符号和电压传输特性

由门电路组成的施密特特触发器的逻辑电路图和波形图如图7.3.1所示。

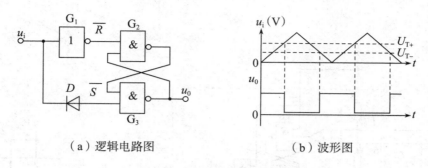

（a）逻辑电路图　　　　　　　　　（b）波形图

图7.3.1　施密特触发器

（1）u_i=0时，$\overline{R}$=1，$\overline{S}$=0，u_0为高电平，输出稳定在高电平状态。

（2）u_i=U_{T-}时，$\overline{R}$=1，$\overline{S}$=1，门G_2和G_3组成的SR锁存器不翻转，u_0输出仍为高电平，电路仍稳定在高电平状态。

（3）u_i继续上升到u_i=U_{T+}时，$\overline{R}$=0，$\overline{S}$=1，门G_2和G_3组成的SR锁存器翻转，u_0由高电平变为低电平，u_i即使再上升，电路稳定在低电平状态。

（4）u_i继续上升到最大值后开始下降，若u_i下降到U_{T+}，$\overline{R}$=1，$\overline{S}$=1。SR锁存器不翻转，u_0输出仍为低电平，电路稳定在低电平状态。

（5）u_i继续下降到U_{T-}时，$\overline{R}$=1，$\overline{S}$=0，RS触发器翻转，u_0输出由低电平变为高电平，电路稳定回高电平状态。

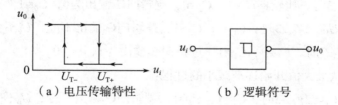

（a）电压传输特性　　　　　　　　（b）逻辑符号

图7.3.2　施密特触发器的电压传输特性和逻辑符号

7.3.2　用555定时器组成施密特触发器

将555定时器的两个输入端U_6和U_2连接在一起，作为触发器的输入端。U_{CO}通过0.01 μF电容接地，就构成了施密特触发器。电路连接图如图7.3.3所示。

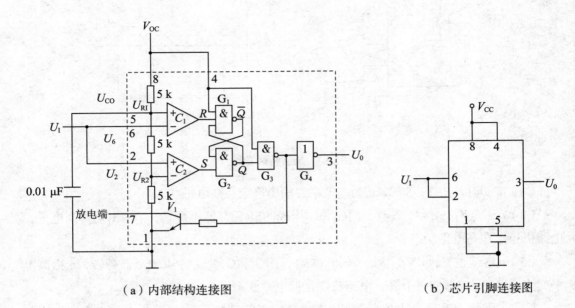

（a）内部结构连接图　　　　　　　　　　　　　（b）芯片引脚连接图

图7.3.3　由555定时器组成的施密特触发器

首先分析U_I从0开始逐渐增大的过程：

（1）$U_I=0$时，比较器$C_1=1$、$C_2=0$，逻辑门G_3输出为0，$U_0=1$。

（2）$U_I<V_{CC}/3$时，比较器$C_1=1$、$C_2=0$，逻辑门G_3输出为0，$U_0=1$。

（3）$V_{CC}/3<U_I<2V_{CC}/3$时，$C_1=1$、$C_2=1$，逻辑门G_3输出不变，U_0不变，$U_0=1$。

（4）$U_I>2V_{CC}/3$时，$C_1=0$、$C_2=1$，逻辑门G_3输出为1，$U_0=0$。

继续分析U_I从最大值开始逐渐减小的过程：

（5）$V_{CC}/3<U_I<2V_{CC}/3$时，$C_1=1$、$C_2=1$，逻辑门G_3输出不变，U_0不变，$U_0=0$。

（6）$U_I<V_{CC}/3$时，$C_1=1$、$C_2=0$，逻辑门G_3输出为0，$U_0=1$。

7.3.3　集成施密特触发器

集成施密特触发器的产品较多，图7.3.4（a）和（b）分别为集成六反相器施密特触发器CC40106和集成2输入四与非施密特触发器CT74132的引脚分布图，它们都是反相输出的。图7.3.5（a）和（b）分别为集成六反相器施密特触发器CC40106和集成2输入四与非施密特触发器CT74132的逻辑符号。不同型号的集成施密特触发器其阈值电压也不同，具体数据可从电路手册中查到。

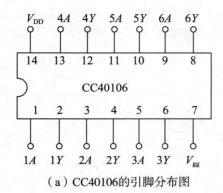

（a）CC40106的引脚分布图

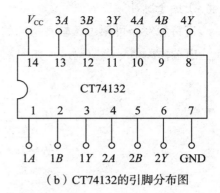

（b）CT74132的引脚分布图

图7.3.4 集成施密特触发器的引脚分布图

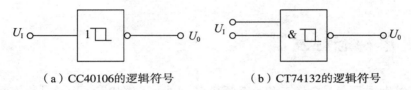

（a）CC40106的逻辑符号　　　　　（b）CT74132的逻辑符号

图7.3.5 集成施密特触发器的逻辑符号

7.3.4 施密特触发器的应用

（1）用于波形变换

施密特触发器可用于将边沿变化缓慢的周期性信号变换成边沿变化陡峭的矩形脉冲信号。变换过程如图7.3.6所示。

（2）用于脉冲整形

在数字电路中，矩形脉冲信号经系统传输后可能会发生波形畸变，可以通过施密特触发器整形后获得标准的矩形脉冲信号的波形。整形过程如图7.3.7所示。

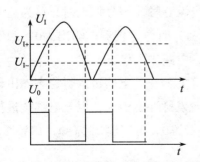

图7.3.6 施密特触发器用于波形变换

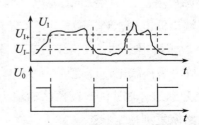

图7.3.7 施密特触发器用于脉冲整形

（3）用于脉冲幅度鉴别

施密特触发器可用于从幅度不同的脉冲信号中，将幅度大于V_T的脉冲信号选出，使其在输出端输出信号。鉴幅过程如图7.3.8所示。

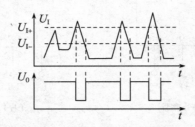

图7.3.8　施密特触发器用于脉冲幅度鉴别

7.4　单稳态触发器

单稳态触发器只有一个稳态和一个暂稳态，两个工作状态；电路从稳态翻转至暂稳态需要外界触发脉冲的作用，在暂稳态维持一段时间后，再自动翻转至稳态。暂稳态维持时间的长短取决于电路的阻容元件RC与输入信号无关。

单稳态触发器可以用于产生固定宽度的脉冲信号，产生滞后于触发脉冲的输出脉冲信号等，用途广泛。

7.4.1　用555定时器组成单稳态触发器

将555定时器的U_2端作为触发器的输入端，U_6和U_c连接在一起后上端通过电阻接V_{CC}，下端通过电容接地。U_{CO}通过0.01 μF电容接地，就构成了单稳态触发器。电路连接图如图7.4.1所示。

单稳态触发器的工作波形图如图7.4.2所示。当没有触发信号加入时，U_I为高电平。接通电源V_{CC}后，　V_{CC}经R向C充电，当U_C上升到$2/3 V_{CC}$时，比较器C_1输出为0，触发器翻转，U_0输出低电平，V_1导通，电容C经V_1迅速放电，电路进入稳态。

当U_I下降沿到达，　$U_I < V_{CC}/3$，U_0输出高电平，V_1截止，电路进入暂稳态。由于此时$Q=0$，放电管V_1截止，V_{CC}经R对C充电。虽然此时触发脉冲已消失，但充电继续进行，直到U_C上升到$2 V_{CC}/3$时，比较器C_1输出为0，将触发器置0，电路输出$U_0=0$，V_1导通，C放电，电路恢复到稳定状态。

电路的输出脉冲宽度为$t_w=1.1RC$。

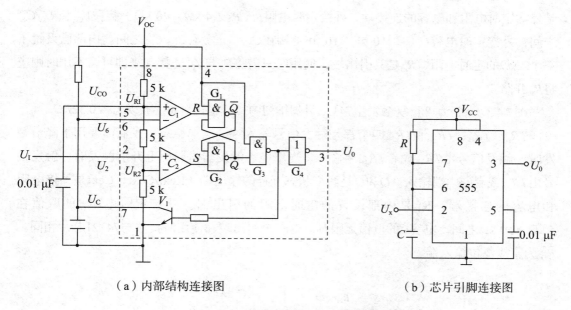

（a）内部结构连接图　　　　　　　　　　（b）芯片引脚连接图

图7.4.1　由555定时器组成的单稳态触发器

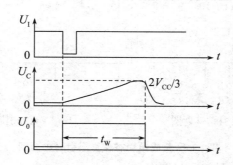

图7.4.2　单稳态触发器工作波形图

7.4.2　集成单稳态触发器

集成单稳态触发器分为不可重复触发和可重复触发两种类型。这两种类型的单稳态触发器是根据电路及工作状态而划分的。它们的区别是：不可重复触发的单稳态触发器一旦被触发进入暂稳态后，如果再有触发脉冲作用，也不会影响电路的工作过程，只有在暂稳态结束后，才接受下一个触发脉冲的作用，再次被触发后而转入暂稳态。可重复触发的单稳态触发器被触发进入暂稳态后，如果再有触发脉冲作用，将会影响电路的工作过程，电路会重新被触发，使输出脉冲再继续维持一个t_W宽度。

图7.4.3所示为集成单稳态触发器引脚排列图，图（a）为不可重复触发型74121引脚排列图，其输出脉冲宽度为$t_W \approx 0.7RC$。TR_{-A}、TR_{-B}是两个下降沿有效的触发信号输入端，TR_+是上升沿有效的触发信号输入端。Q和$\overline{Q}$是两个状态互补的输出端。R_{ext}/C_{ext}、C_{ext}

是外接定时电阻和电容的连接端，外接定时电阻R（$R=1.4\ \text{k}\Omega \sim 40\ \text{k}\Omega$）接在$V_{CC}$和$R_{ext}/C_{ext}$之间，外接定时电容$C$（$C=10\ \text{pF} \sim 10\ \mu\text{F}$）接在$C_{ext}$（正）和$R_{ext}/C_{ext}$之间。内部已设置了一个$2\ \text{k}\Omega$的定时电阻，$R_{in}$是其引出端，使用时只需将$R_{in}$与$V_{CC}$连接起来即可，不用时则应将$R_{in}$开路。

图7.4.3（b）为可重复触发型74122引脚排列图，其输出脉冲宽度为$t_w \approx 0.32RC$

TR_A、TR_B、TR_{+A}和TR_{+B}四个都是触发信号输入端，当单稳态触发器需要用下降沿触发时，触发信号由TR_{-A}或者TR_{-B}端输入。当单稳态触发器需要用上升沿触发时，触发信号由TR_{+A}或者TR_{+B}端输入。Q和$\overline{Q}$是两个状态互补的输出端。Rext/Cext、Cext是外接电阻和电容的连接端，R_{in}是内部设置的定时电阻的引出端。外接定时电阻R的取值在$5\ \text{k}\Omega \sim 50\ \text{k}\Omega$之间，电容$C$的取值无限制。这三个引出端在使用时接法与74121芯片相同。$\overline{R_D}$为直接复位输入端。

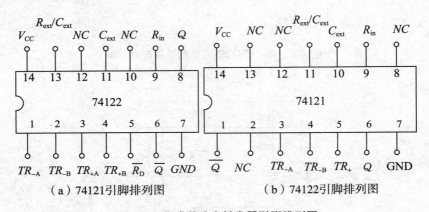

（a）74121引脚排列图　　　　（b）74122引脚排列图

图7.4.3　集成单稳态触发器引脚排列图

7.4.3　单稳态触发器的应用

（1）产生固定宽度的脉冲信号

用单稳态触发器产生固定宽度脉冲信号的电路示意图和工作波形图如图7.4.4所示。

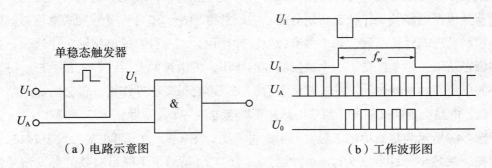

（a）电路示意图　　　　（b）工作波形图

图7.4.4　产生固定宽度的脉冲信号

（2）用于脉冲信号的展宽

当输入脉冲信号宽度较窄时，可用单稳态触发器进行展宽。波形图如图7.4.5所示。

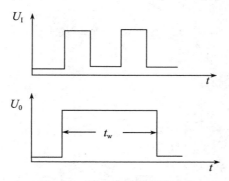

图7.4.5 用于脉冲信号的展宽

（3）用于脉冲信号的整形

把不规则的输入信号整形成为矩形脉冲。波形图如图7.4.6所示。

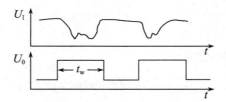

图7.4.6 用于脉冲信号的整形

7.5 多谐振荡器

多谐振荡器是自激振荡电路，电路在接通电源后，无须外加触发信号，就能自动地产生一定频率和幅值的矩形脉冲。多谐振荡器在工作时，没有稳定状态，只有两个暂稳态。

7.5.1 用555定时器组成多谐振荡器

用555定时器组成多谐振荡器如图7.5.1所示。工作波形图如图7.5.2所示。

接通 V_{CC} 后，V_{CC} 经 R_1 和 R_2 对 C 充电。当 u_c 上升到 $2V_{CC}/3$ 时，$U_0=0$，V_1 导通，C 通过 R_2 和 V_1 放电，U_C 下降。当 U_C 下降到 $V_{CC}/3$ 时，U_0 又由0变为1，V_1 截止，V_{CC} 又经 R_1 和 R_2 对 C 充电。如此重复上述过程，在输出端 U_0 产生了连续的矩形脉冲。

第一个暂稳态的脉冲宽度 t_{w1}，即电容 C 的充电时间为

$$t_{w1} \approx 0.7 \left(R_1 + R_2 \right) C$$

第二个暂稳态的脉冲宽度t_{w2}，即电容C的放电时间为

$$t_{w2} \approx 0.7 R_2 C$$

电路的振荡周期为

$$T = t_{w1} + t_{w2} \approx 0.7（R_1 + 2R_2）C$$

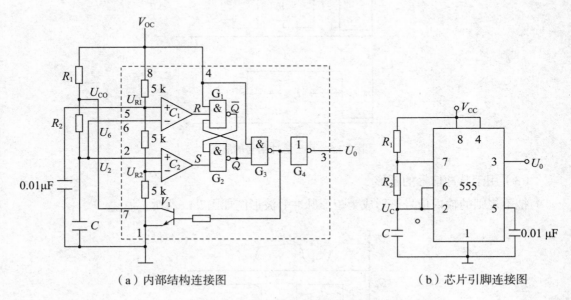

（a）内部结构连接图　　　　　　　　（b）芯片引脚连接图

图7.5.1　由555定时器组成的多谐振荡器

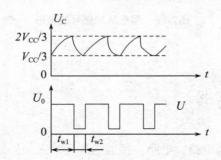

图7.5.2　多谐振荡器工作波形图

7.5.2　石英晶体多谐振荡器

由555定时器组成的多谐振荡器其振荡频率不仅取决于时间常数RC，而且还取决于阈值电压，由于它易受温度、电源电压等外界因素的影响，因而频率稳定性较差。在许多场合对多谐振荡器的频率稳定性要求较高，需要采取稳频措施。

目前采用较普遍的稳频方法是在多谐振荡器中接入石英晶体，组成石英晶体多谐振荡器，简称晶振。石英晶体符号如图7.5.3（b）所示。石英晶体阻抗频率特性如图7.5.4所

示。例如计算机中的时钟脉冲就是由晶振产生的。石英晶体多谐振荡器电路结构图如图7.5.3（a）所示。

石英晶体多谐振荡器的振荡频率取决于石英晶体的固有振荡频率，与外接的电阻、电容无关。石英晶体的固有振荡频率由石英晶体的结晶方向和外形尺寸所决定。

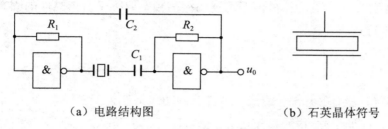

（a）电路结构图　　　　　　　　（b）石英晶体符号

图7.5.3　石英晶体多谐振荡器

电阻R_1、R_2的作用是保证两个反相器在静态时都能工作在线性放大区。TTL反相器常取$R_1=R_2=R=0.7 \sim 2 \text{ k}\Omega$；CMOS反相器常取$R_1=R_2=R=10 \sim 100 \text{ k}\Omega$；$C_1=C_2=C$是耦合电容，它们的容抗在石英晶体谐振频率$f_0$时可以忽略不计；石英晶体构成选频环节。

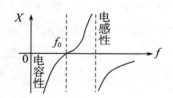

图7.5.4　石英晶体阻抗频率特性

从图7.5.4石英晶体阻抗频率特性图中可以看出，在固有频率f_0上，阻抗X为0。

本章小结

1. 在数字电路中，矩形脉冲波形的获取有两种方法：直接产生和整形产生。最常见的脉冲整形电路有施密特触发器和单稳态触发器电路。最常见的脉冲产生电路为多谐振荡器电路。

2. 555定时器是一种电路结构简单，使用灵活、方便，用途广泛的中规模集成电路。只需要外接少数几个阻容元件就可以组成施密特触发器、单稳态触发器和多谐振荡器。

3. 施密特触发器是一种能够把输入波形整形成为适合于数字电路需要的矩形脉冲的电路。它的电压输出波形具有两个稳定的状态。施密特触发器可用于波形变换、脉冲整形和脉冲幅度鉴别。

4. 单稳态触发器有一个稳态和一个暂稳态。暂稳态维持时间的长短取决于电路的阻容元件RC与输入信号无关。单稳态触发器可以用于产生固定宽度的脉冲信号、产生滞后于触发脉冲的输出脉冲信号、脉冲信号的整形等。集成单稳态触发器可分为重复触发型和不可重复触发型两类。

5. 多谐振荡器在电路在接通电源后，无须外加触发信号，就能产生矩形脉冲信号。多谐振荡器没有稳定状态，只有两个暂稳态。在频率稳定性要求较高的场合，要使用石英晶体多谐振荡器。石英晶体多谐振荡器的振荡频率取决于石英晶体的固有振荡频率，与外接的元件无关。

思考题

（1）555定时器有哪几部分组成，各部分的功能是什么？

（2）555定时器中555指的是什么？

（3）施密特触发器的主要特点是什么？

（4）施密特触发器的回差电压是多少？

（5）施密特触发器的应用有哪些？

（6）单稳态触发器的主要特点是什么？

（7）集成单稳态触发器分为哪两类，各自的特点是什么？

（8）由555定时器组成的多谐振荡器的振荡频率是多少？

（9）石英晶体多谐振荡器的振荡频率与哪些参数有关？

（10）画出由555定时器组成单稳态触发器的电路连接图。

练习题

［题7.1］若反相输出施密特触发器的输入电压波形图如图P7.1所示，试画出输出电压的波形。

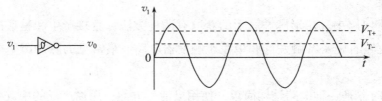

图P7.1

［题7.2］若反相输出施密特触发器的输入电压波形图如图P7.2所示，试画出输出电压的波形。

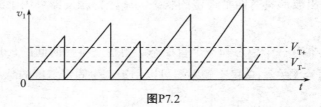

图P7.2

［题7.3］用集成单稳态触发器74121设计一个脉冲展宽电路，并画出输入脉冲和输出脉冲波形图。

［题7.4］试用555定时器设计一个振荡频率为3 kHz，占空比为80%的多谐振荡器。

［题7.5］图P7.5所示电路为由CMOS门电路组成的多谐振荡器。画出V_1、V_{01}、V_{02}的波形图，并求出震荡周期的表达式。

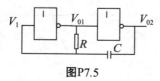

图P7.5

［题7.6］画出用555定时器构成的单稳态触发器的电路图。若输入V_1的波形如图P7.6所示，试定性画出输出V_0的波形。

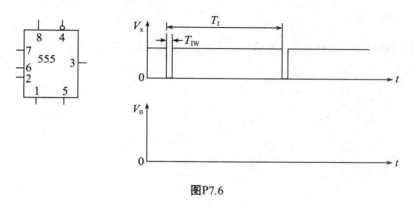

图P7.6

［题7.7］用555定时器构成如图P7.7（a）所示电路，请说明该电路的名称；若已知$V_{CC}=9$ V，且输入V_1的波形如图P7.7（b）所示，画出该电路输出V_0的波形。

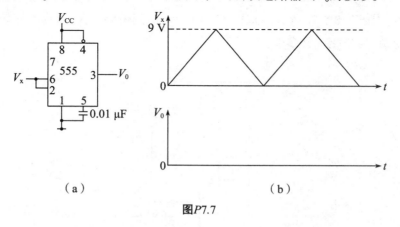

（a） （b）

图P7.7

［题7.8］用555定时器构成施密特触发器。要求：（1）画出用555定时器构成施密特

触发器的电路图；（2）若电路接6 V电源（V_{CC}=6 V），且5脚悬空，求施密特触发器的正向阈值电压、负向阈值电压和回差；（3）若该施密特触发器输入V_I的波形如图P7.8所示，请画出输出V_0的波形。

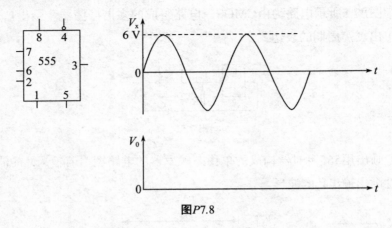

图P7.8

[题7.9] 图P7.9是由555定时器组成的什么电路？具备什么功能？

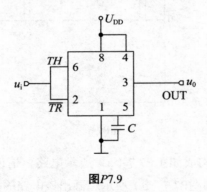

图P7.9

[题7.10] 图P7.10中R_1=R_2=10 kΩ，C=0.1 μf，试问由555定时器构成的是什么电路，其输出（3管脚）的频率f_0是多少？

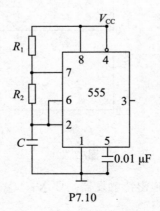

P7.10

［题7.11］用555定时器构成多谐振荡器。要求：（1）画出用555定时器构成多谐振荡器的电路图；（2）若电路接6 V电源（V_{CC}=6 V），5脚悬空，且所用外接电阻皆为R=10 kΩ，外接电容皆为C=0.1 μF，求该多谐振荡器的振荡周期；（3）画出该多谐振荡器中，555定时器2脚的电压V_{i2}和3脚的电压V_0的工作波形。

8　数模和模数转换器

本章主要介绍数模转换单元（将数字量转换为模拟量的单元）和模数转换单元（将模拟量转换为数字量的单元）的常见类型、基本原理和典型的应用电路。在讲解转换单元时引入了计算机声卡实例，帮助读者建立数模及模数转换的基本流程和应用模型。

在数模转换章节中重点介绍了3类不同结构的数模转换器。分别是：权电阻网络D/A转换器、R-2R倒T形电阻网络D/A转换器和权电流型D/A转换器。D/A转换器的主要参数、集成D/A转换器。

模数转换章节中介绍了A/D转换器工作的一般过程，重点讲解了3类不同结构的模数转换器，分别是：并联比较型A/D转换器、逐次渐近型A/D转换器和双积分型A/D转换器。

8.1　概　述

由于数字电子技术的迅速发展，尤其是计算机在自动控制、自动检测以及在其他领域中的广泛应用，用数字电路处理模拟信号的情况也更加普遍了。

为了能够使用数字电路处理模拟信号，必须将模拟信号转换成相应的数字信号，方能送入数字系统（例如微型计算机）进行处理。同时，往往还要求将处理后得到的数字信号再转换成相应的模拟信号，作为最后的输出。将前一种从模拟信号到数字信号的转换称为模–数转换，或简称为A/D（Analog to Digital）转换，将后一种从数字信号到模拟信号的转换称为数–模转换，或简称为D/A（ Digital to Analog）转换。同时，将实现A/D转换的电路称为A/D转换器，简写为ADC（系Analog–Digital Converter的缩写）；将实现D/A转换的电路称为D/A转换器，简写为DAC（系Digital–Analog Converter的缩写）。为了保证数据处理结果的准确性，A/D转换器和D/A转换器必须有足够的转换精度。同时，为了适应快速过程的控制和检测的需要，A/D转换器和D/A转换器还必须有足够快的转换速度。因此，转换精度和转换速度乃是衡量A/D转换器和D/A转换器性能优劣的主要标志。

以计算机的声卡为例说明本章A/D和D/A的原理，麦克风和喇叭所用的都是模拟信号，而电脑所能处理的都是数字信号，两者不能混用，声卡的作用就是实现两者的转换。从结构上分，声卡可分为模数转换电路和数模转换电路两部分，模数转换电路负责将麦克风等声音输入设备采到的模拟声音信号转换为电脑能处理的数字信号；而数模转换电路负责将电脑使用的数字声音信号转换为喇叭等设备能使用的模拟信号。声卡从话筒中获取声音模拟信号，通过模数转换器（ADC），将声波振幅信号采样转换成一串数字信号，存储到计算机中。重放时，这些数字信号送到数模转换器（DAC），以同样的采样速度还原为模拟波形，放大后送到扬声器发声。声卡的工作流程如图8.1.1所示。

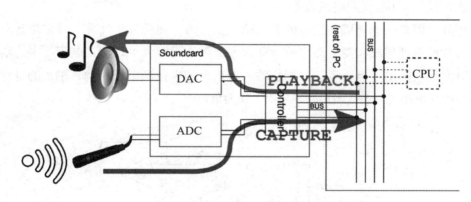

图8.1.1　*A/D和D/A*转化原理

目前常见的D/A转换器中，有权电阻网络D/A转换器、倒T形电阻网络D/A转换器、权电流型D/A转换器、权电容网络D/A转换器以及开关树型D/A转换器等几种类型。

A/D转换器的类型也有多种，可以分为直接A/D转换器和间接A/D转换器两大类。在直接A/D转换器中，输入的模拟电压信号直接被转换成相应的数字信号；而在间接A/D转换器中，输入的模拟信号首先被转换成某种中间变量（例如时间、频率等），然后再将这个中间变量转换为输出的数字信号。

此外，在D/A转换器数字量的输入方式上，又有并行输入和串行输入两种类型。相对应地在A/D转换器数字量的输出方式上也有并行输出和串行输出两种类型。考虑到D/A转换器的工作原理比A/D转换器的工作原理简单，而且在有些A/D转换器中需要用D/A转换器作为内部的反馈电路，所以在下一节中首先讨论D/A转换器。

8.2 D/A转换器

8.2.1 权电阻网络D/A转换器

在第1章中已经讲过，一个多位二进制数中每一位的1所代表的数值大小称为这一位的权。如果一个n位二进制数用$D_n=d_{n-1}d_{n-2}\cdots d_1d_0$表示，则从最高位（Most Significant Bit，简写为MSB）到最低位（Least Significant Bit，简写为LSB）的权将依次为2^{n-1}、2^{n-2}、$\cdots$、2^1、2^0。

图8.2.1是4位权电阻网络D/A转换器的原理图，它由权电阻网络、4个模拟开关和1个求和放大器组成。

S_3、S_2、S_1和S_0是4个电子开关，它们的状态分别受输入代码d_3、d_2、d_1和d_0的取值控制，代码为1时开关接到参考电压V_{REF}上，代码为0时开关接地。故$d_i=1$时有支路电流I_i流向求和放大器，$d_i=0$时支路电流为零。

求和放大器是一个接成负反馈的运算放大器。为了简化分析计算，可以把运算放大器近似地看成是理想放大器（即它的开环放大倍数为无穷大），输入电流为零（输入电阻为无穷大），输出电阻为零。当同相输入端V_+的电位高于反相输入端V_-的电位时，输出端对地的电压v_0为正；当V_-高于V_+时，v_0为负。

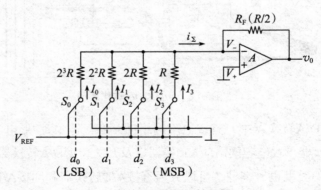

图8.2.1 权电阻网络D/A转化器

当参考电压经电阻网络加到V_-时，只要V_-稍高于V_+，便在v_0产生负的输出电压。v_0经RF反馈到V_-端使V_-降低，其结果必然使$V_-\approx V_+=0$。

在认为运算放大器输入电流为零的条件下可以得到

$$v_0=-R_F i_\Sigma$$

$$=-R_F(I_3+I_2+I_1+I_0) \tag{8.2.1}$$

由于$V_-\approx 0$，因而各支路电流分别为

$$I_3 = \frac{V_{\text{REF}}}{R} d_3 \qquad\qquad （d_3=1时I_3=\frac{V_{\text{REF}}}{R}，\ d_3=0时I_3=0）$$

$$I_2 = \frac{V_{\text{REF}}}{2R} d_2$$

$$I_1 = \frac{V_{\text{REF}}}{2^2 R} d_1$$

$$I_0 = \frac{V_{\text{REF}}}{2^3 R} d_0$$

将它们代入式（8.2.1）并取$R_{\text{F}}=R/2$，则得到

$$v_0 = -\frac{V_{REF}}{2^4}（d_3 2^3 + d_2 2^2 + d_1 2^1 + d_0 2^0） \qquad\qquad （8.2.2）$$

对于n位的权电阻网络D/A转换器，当反馈电阻取为$R/2$时，输出电压的计算公式可写成

$$v_0 = -\frac{V_{\text{REF}}}{2^n}（d_{n-1} 2^{n-1} + d_{n-2} 2^{n-2} + \cdots + d_1 2^1 + d_0 2^0）$$

$$= -\frac{V_{\text{REF}}}{2^n} D_n \qquad\qquad （8.2.3）$$

上式表明，输出的模拟电压正比于输入的数字量D_n，从而实现了从数字量到模拟量的转换。

当$D_n=0$时$v_0=0$，当$D_n=11\cdots 11$时$v_0 = -\dfrac{2^{n-1}-1}{2^n} V_{\text{REF}}$，故$v_0$的最大变化范围是$0 \sim -\dfrac{2^{n-1}-1}{2^n} V_{\text{REF}}$。

从式（8.2.3）中还可以看到，在V_{REF}为正电压时输出电压v_0始终为负值。要想得到正的输出电压，可以将V_{REF}取为负值。

这个电路的优点是结构比较简单，所用的电阻元件数很少。它的缺点是各个电阻的阻值相差较大，尤其在输入信号的位数较多时，这个问题就更加突出。例如当输入信号增加到8位时，如果取权电阻网络中最小的电阻阻值为$R=10\ \text{k}\Omega$，那么最大的电阻阻值将达到$2^7 R = 1.28\ \text{M}\Omega$，两者相差128倍之多。要想在极为宽广的阻值范围内保证每个电阻都有很高的精度是十分困难的，尤其对制作集成电路更加不利。

为了克服这个缺点，在输入数字量的位数较多时可以采用图8.2.2所示的双级权电阻网络。在双级权电阻网络中，每一级仍然只有4个电阻，它们之间的阻值之比还是1：2：4：8只要取两级间的串联电阻$R_{\text{S}}=8R$，即可得到

$$v_0 = -\frac{V_{\text{REF}}}{2^8}（d_7 2^7 + d_6 2^6 + d_5 2^5 \cdots + d_1 2^1 + d_0 2^0）$$

$$= -\frac{V_{\text{REF}}}{2^8} D_n$$

可见，所得结果与式（8.2.3）相同。由于电阻的最大值与最小值相差仍为8倍，所以

图8.2.2仍不失为一种可取的方案。

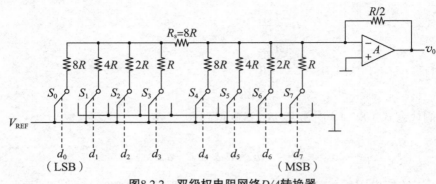

图8.2.2 双级权电阻网络D/A转换器

8.2.2 *R-2R*倒T型电阻网络D/A转换器

为了克服权电阻网络D/A转换器中电阻阻值相差太大的缺点，又研制出了如图8.2.3所示的倒T形电阻网络D/A转换器。由图可见，电阻网络中只有R，$2R$两种阻值的电阻，这就给集成电路的设计和制作带来了很大的方便。

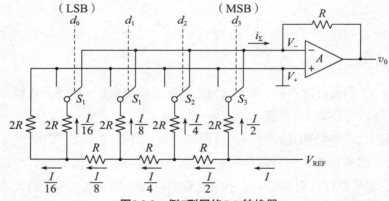

图8.2.3 倒*T*型网络D/A转换器

由图8.2.3可知，因为求和放大器反相输入端V_-的电位始终接近于零，所以无论开关S_3、S_2、S_1、S_0。合到哪一边，都相当于接到了"地"电位上，流过每个支路的电流也始终不变。在计算倒T形电阻网络中各支路的电流时，可以将电阻网络等效地画成图8.2.4所示的形式。（但应注意，V_-并没有接地，只是电位与"地"相等，因此这时又将V_-端称为"虚地"点）不难看出，从AA、BB、CC、DD每个端口向左看过去的等效电阻都是R，因此从参考电源流入倒T形电阻网络的总电流为$I=V_{REF}/R$，而每个支路的电流依次为$I/2$、$I/4$、$I/8$和$I/16$。

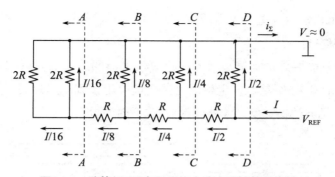

图8.2.4 计算倒T形电阻网络支路电流的等效电路

如果令d_i=0时开关S_i接地（接放大器的V_+），而d_i=1的S_i接至放大器的输入端V_-，则由图8.2.3可知：

$$i_\Sigma = \frac{I}{2}d_3 + \frac{I}{4}d_2 + \frac{I}{8}d_1 + \frac{I}{16}d_0 \qquad (8.2.4)$$

在求和放大器的反馈电阻阻值等于R的条件下，输出电压为

$$v_0 = -Ri_\Sigma$$
$$= -\frac{V_{REF}}{2^4}(d_3 2^3 + d_2 2^2 + d_1 2^1 + d_0 2^0) \qquad (8.2.5)$$

对于n位输入的倒T形电阻网络D/A转换器，在求和放大器的反馈电阻阻值为R的条件下，输出模拟电压的计算公式为

$$v_0 = -\frac{V_{REF}}{2^n}(d_{n-1}2^{n-1} + d_{n-2}2^{n-2} + \cdots + d_1 2^1 + d_0 2^0)$$
$$= -\frac{V_{REF}}{2^n}D_n \qquad (8.2.6)$$

上式说明输出的模拟电压与输入的数字量成正比。而且式（8.2.5）和权电阻网络D/A转换器输出电压的计算公式（8.2.3）具有相同的形式。

图8.2.5是采用倒T形电阻网络的单片集成D/A转换器CB7520（AD7520）的电路原理图。它的输入为10位二进制数，采用CMOS电路构成的模拟开关。

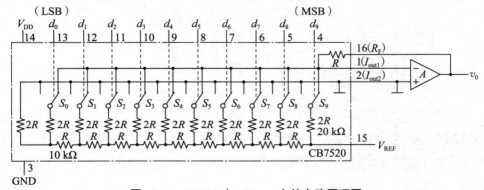

图8.2.5 CB7520（AD7520）的电路原理图

图8.2.6是CMOS模拟开关的电路原理图。为了降低开关的导通内阻，开关电路的电源电压设计在15 V左右。

使用CB7520时需要外加运算放大器。运算放大器的反馈电阻可以使用CB7520内设的反馈电阻R（如图8.2.5所示），也可以另选反馈电阻接到I_{out1}与v_0之间。外接的参考电压V_{REF}必须保证有足够的稳定度，才能确保应有的转换精度。

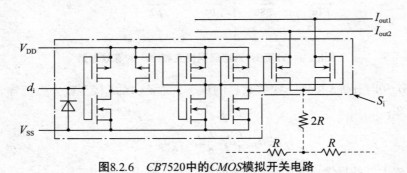

图8.2.6　CB7520中的CMOS模拟开关电路

8.2.3　权电流型D/A转换器

在前面分析权电阻网络D/A转换器和倒T形电阻网络D/A转换器的过程中，都把模拟开关当作理想开关处理，没有考虑它们的导通电阻和导通压降。而实际上这些开关总有一定的导通电阻和导通压降，而且每个开关的情况又不完全相同。它们的存在无疑将引起转换误差，影响转换精度。解决这个问题的一种方法就是采用图8.2.7所示的权电流型D/A转换器。在权电流型D/A转换器中，有一组恒流源。每个恒流源电流的大小依次为前一个的1/2，和输入二进制数对应位的"权"成正比。由于采用了恒流源，每个支路电流的大小不再受开内阻和压降的影响，从而降低了对开关电路的要求。

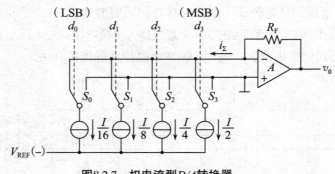

图8.2.7　权电流型D/A转换器

恒流源电路经常使用图8.2.8所示的电路结构形式。只要在电路工作时保证V_B和V_{EE}稳定不变，则三极管的集电极电流即可保持恒定，不受开关内阻的影响。电流的大小近似为

$$I_i \approx \frac{V_B - V_{EE} - V_{BE}}{V_{Ei}} \qquad (8.2.7)$$

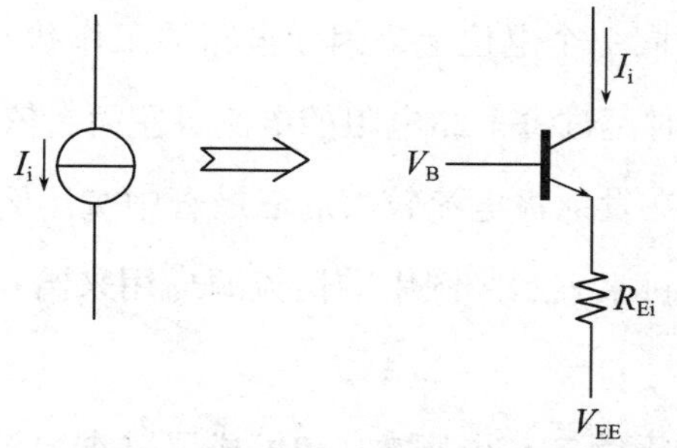

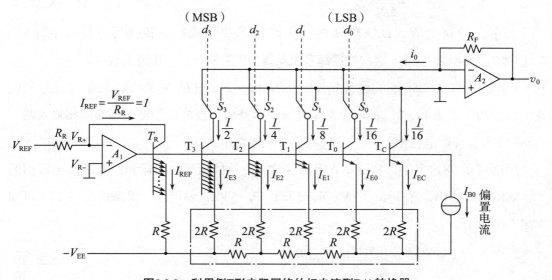

图8.2.8　权电流型D/A转换器中的恒流源

当输入数字量的某位代码为1时，对应的开关将恒流源接至运算放大器的输入端；当输入代码为0时，对应的开关接地，故输出电压为

$$V_0 = i_\Sigma R_F$$

$$= R_F \left(\frac{1}{2} d_3 + \frac{1}{2^2} d_2 + \frac{1}{2^3} d_1 + \frac{1}{2^4} d_0 \right)$$

$$= \frac{R_F I}{2^4} \left(d_3 2^3 + d_2 2^2 + d_1 2^1 + d_0 2^0 \right) \qquad (8.2.8)$$

可见，v_0正比于输入的数字量。

在相同的V_B和V_{EE}取值下，为了得到一组依次为1/2递减的电流源就需要用到一组不同阻值的电阻。为减少电阻阻值的种类，在实用的权电流型D/A转换器中经常利用倒T形电阻网络的分流作用产生所需的一组恒流源，如图8.2.9所示。

图8.2.9　利用倒T形电阻网络的权电流型D/A转换器

由图8.2.9可见，T_3、T_2、T_1、T_0和T_C的基极是接在一起的，只要这些三极管的发射结压降V_{BE}相等，则它们的发射极处于相同的电位。在计算各支路的电流时，可以认为所有2R电阻的上端都接到了同一个电位上，因而电路的工作状态与图8.2.4中的倒T形电阻网络的工作状态一样。这时流过每个2R电阻的电流自左而右依次减少1/2。为保证所有三极管的发射结压降相等，在发射极电流较大的三极管中按比例地加大了发射结的面积，在图中用增加发射极的数目来表示。图中的恒流源I_{B0}用来给T_R、T_C、T_0、$\cdots$、T_3提供必要的基极偏置电流。

运算放大器A_1、三极管T_R和电阻R_R、R组成了基准电流发生电路。基准电流I_{REF}由外加的基准电压V_{REF}和电阻R_R决定。由于T_3和T_R具有相同的V_{BE}而发射极回路电阻相差一倍，所以它们的发射极电流也必然相差一倍，故有

$$I_{REF}=2I_{E3}=\frac{V_{REF}}{R_R}=I \tag{8.2.9}$$

将式（8.2.9）代入式（8.2.8）中得到

$$V_0=\frac{R_F V_{REF}}{2^4 R_R}\left(d_3 2^3+d_2 2^2+d_1 2^1+d_0 2^0\right) \tag{8.2.10}$$

对于输入为n位二进制数码的这种电路结构的D/A转换器，输出电压的计算公式可写成

$$v_0=\frac{R_F V_{REF}}{2^n R_R}\left(d_{n-1} 2^{n-1}+d_{n-2} 2^{n-2}+\cdots+d_1 2^1+d_0 2^0\right)$$

$$=\frac{R_F V_{REF}}{2^n R_R}D_n \tag{8.2.11}$$

采用这种权电流型D/A转换电路生产的单片集成D/A转换器有DAC0806，DAC0807，DAC0808等。这些器件都采用双极型工艺制作，工作速度较高。

图8.2.10是DAC0808的电路结构框图，图中$d_0 \sim d_7$是8位数字量的输入端，I_0是求和电流的输出端。V_R和V_{R+}接基准电流发生电路中运算放大器的反相输入端和同相输入端。COMP供外接补偿电容之用。V_{CC}和V_{EE}为正、负电源输入端。

用DAC0808这类器件构成D/A转换器时需要外接运算放大器和产生基准电流用的R_R，如图8.2.11所示。在$V_{REF}=10$ V、$R_R=5$ kΩ、$R_F=5$ kΩ的情况下，根据式（8.2.11）可知输出电压为

$$V_0=\frac{R_F V_{REF}}{2^8 R_R}D_n=\frac{10}{2^8}D_n \tag{8.2.12}$$

当输入的数字量在全0和全1之间变化时，输出模拟电压的变化范围为0 ~ 9.96 V。

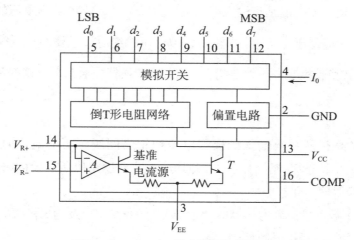

图8.2.10 *DAC*0808的电路结构框图

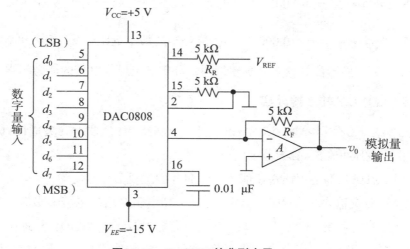

图8.2.11 *DAC*0808的典型应用

8.2.4 D/A转换器的主要参数

（1）分辨率

分辨率说明DAC分辨最小输出电压的能力，通常用最小输出电压与最大输出电压的比值表示。所谓最小输出电压（U_{LSB}）是指当输入的数字量仅最低位为1时的输出电压，而最大输出电压（U_{OMAX}）是指当输入数字量各有效位全为1时的输出电压。因此，分辨率可表示为

$$分辨率 = \frac{U_{LSB}}{U_{OMAX}} = \frac{1}{2^n - 1} \qquad (8.2.13)$$

n为输入数字量的位数。该D/A转换器所能分辨的最小电压为$\frac{U_{OMAX}}{2^n - 1}$。

（2）转换误差和转换精度

DAC的转换误差一般是指输入端加最大数字量时，DAC输出电压的理论值与实际值之差，该值一般应低于$\frac{1}{2}U_{LSB}$，即输出模拟电压的绝对误差要小于或等于最小输出电压U_{LSB}的一半。转换精度是一个综合指标，在D/A转换器中通常用分辨率和转换误差来描述转换精度。

（3）转换速度

转换速度是指从数码输入到模拟电压稳定之间所经历的响应时间，也称转换时间。一般取输入由全0变成全1或反之，其输出达到稳定值所需要的时间。如5G7520，AD7541的转换时间小于500 ns。

【例8.2.1】数字量位数为$n=8$和$n=10$的ADC的分辨率以及输出模拟电压的满量程U_{OMAX}为10 V时所能分辨的最小电压是

$n=8$的分辨率$=\dfrac{1}{2^8-1}\approx0.003\ 922$，能分辨的最小电压$=\dfrac{10}{2^8-1}$ V$\approx0.039\ 22$ V

$n=10$的分辨率$=\dfrac{1}{2^{10}-1}\approx0.000\ 977\ 5$，能分辨的最小电压$=\dfrac{10}{2^{10}-1}\approx0.009\ 775$ V

所以，D/A转换器位数越多分辨率越高，分辨输出最小电压的能力越强。

8.2.5 集成D/A转换器介绍

DA7524是AD公司的采用$R-2R$倒T型电阻网络的8位CMOS集成DAC，最低功耗20 mW，供电电压可在5～15 V范围内选择。

图8.2.12为DA7524的引出端功能图。该芯片的主要引出端功能：

$D_7\sim D_0$：数据输入端；OUT$_1$、OUT$_2$：$R-2R$电阻网络的电流输出端；U_{REF}：基准电源端；R_F：反馈电阻端；$\overline{CS}$：片选端；$\overline{WR}$：写输入控制端；GND：接地端

结合典型应用电路，可以进一步了解主要引出端的功能及该芯片的使用方法。

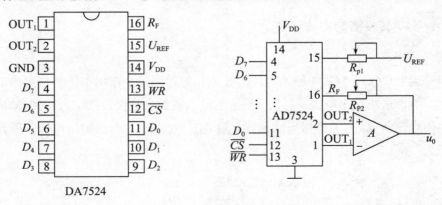

图8.2.12　DA7524的引出端功能图　　图8.2.13　DA7524的典型应用电路

图8.2.13是DA7524的典型应用电路。因为DA7524片内没有放大器，所以需外接运算放大器才能构成完整的DAC电路，现选用AD741与AD7524的OUT1、OUT2端。图中电位器R_{P1}、R_{P2}用于电路校准，其中R_{P1}调节基准电压U_{REF}，R_{P2}为反馈电阻R_F的补偿电阻，用于补偿R_F的偏差。为了提高输出精度，应选用稳定度高的参考电压源和低漂移的运算放大器。

与AD7524相类似的还有AD7520，AD7541，DA_0832等。其中AD7520为10位的D/A转换器，AD7541为12位，DA0832为8位。

8.3 A/D转换器

8.3.1 A/D转换的一般过程

在A/D转换中，因为输入的模拟信号在时间上是连续的，而输出的数字信号是离散量，所以进行转换时只能按一定的时间间隔对输入的模拟信号进行采样，然后再把这些采样值转换为输出的数字量。故A/D转换需要经过采样、保持、量化和编码四个步骤。也可将采样、保持合为一步，量化和编码合成一步，共两大步来完成。

（1）采样和保持

采样，就是对连续变化的模拟信号进行定时测量，抽取其样值。采样结束后，再将此取样信号保持一段时间，使A/D转换器有充分的时间进行A/D转换。采样–保持电路就是完成该任务的，其示意图如图8.3.1（a）所示。

图8.3.1（b）中u_1是输入的模拟信号，图8.3.1（c）中S是采样脉冲。由图8.3.1（a）可知场效晶体管V构成一个受控的开关。当采样脉冲到来时（t_s期间），场效晶体管V导通，u_1给电容C充电，电容上的电压$u_c=u_i$。在采样脉冲为低电平时，开关管V截止，由于运放A构成的电压跟随器输入阻抗很高，所以存储在电容C上的电荷很难泄放，使u_c保持不变，从而完成信号保持的工作，输出信号u_0的波形如图8.3.1（d）所示。

可见，采样脉冲的频率f_s越高，采样越密，采样值就越多，其采样–保持电路的输出信号u_0也就越接近于输入信号u_1的波形。为了准确地用采样输出信号u_0表示输入的模拟信号u_1，对采样频率就有一定的要求，必须满足采样定理，即

$$f_s \geq 2f_{Imax} \tag{8.3.1}$$

式中，f_{Imax}是输入模拟信u_1频谱中的最高频率。例如，如果语音信号的$f_{Imax}=4$ kHz，则可用f_s为8 kHz的频率采样。采样–保持电路也有集成电路，常用的集成采样–保持电路是LF198。

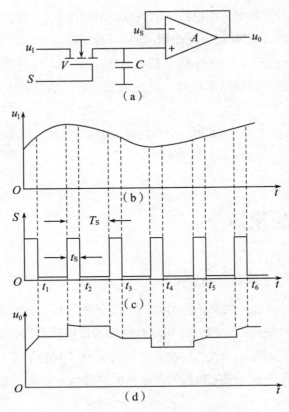

图8.3.1　采样保持电路及输出波形

（2）量化和编码

　　如果要把变化范围在0 V至7 V间的模拟电压转换为3位二进制代码的数字信号，由于3位二进制代码只有2^3即8个数值，因此必须将模拟电压按变化范围分成8个等级。每个等级规定一个基准值，例如0 V至0.5 V为一个等级，基准值为0 V， 二进制代码为000；6.5 V至7 V也是一个等级，基准值为7 V，二进制代码为111，其他各等级分别为该级的中间值作为基准值。凡属于某一等级范围内的模拟电压值，都取整用该级的基准值表示。例如3.3 V，它在2.5 V至3.5 V之间，就用该级的基准值3 V来表示，代码是011。显然，相邻两级间的差值就是Δ，而各级基准值是Δ的整数倍。模拟信号经过以上处理，就转换成以Δ=1 V为单位的数字量了。上述过程可用图8.3.2表示出来。

　　所谓量化，就是把采样电压转换为以某个最小单位电压Δ的整数倍的过程。分成的等级称为量化等级，Δ称为量化单位。所谓编码，

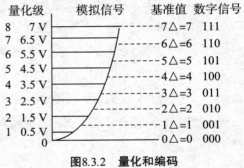

图8.3.2　量化和编码

就是用二进制代码来表示量化后的量化电平。采样后得到的采样值不可能刚好是某个量化基准值，总会有一定的误差，这个误差称为量化误差。显然，量化级越细，量化误差就越小，但是，所用的二进制代码的位数就越多，电路也将越复杂。量化方法除了上面所述方法外，还有舍尾取整法，这里不再赘述。目前，A/D转换器的种类很多，可作如下分类，直接转换型：并联比较型、反馈比较型；间接转换型：电压时间变换型、电压频率变换型。下面介绍几种常见的A/D转换器。

8.3.2　并联比较型A/D转换器

并联比较型ADC的电路如图8.3.3所示。它由电阻分压器、电压比较器及编码电路组成，输出的各位数码是一次形成的，它是转换速度最快的一种A/D转换器。

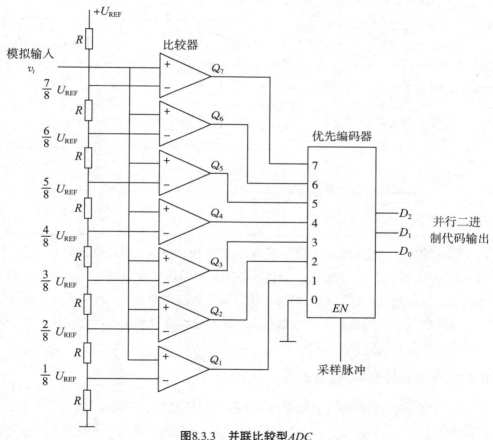

图8.3.3　并联比较型ADC

图8.3.3中，由8个大小相等的电阻串联构成电阻分压器，产生不同数值的参考电压，形成$\frac{1}{8}U_{REF} \sim \frac{7}{8}U_{REF}$共7种量化电平，7个量化电平分别加在7个电压比较器的反相输入端，模拟输入电压u_I加在比较器的同相输入端。当u_I大于或等于量化电平时，比较器输

出为1，否则输出为0，电压比较器用来完成对采样电压的量化。7个比较器的输出状态与输入电压u_1的关系如表8.3.1所示。

表8.3.1　输出编码转换表

模拟电压输入u_1	比较器输出							编码器输出		
	Q_7	Q_6	Q_5	Q_4	Q_3	Q_2	Q_1	D_2	D_1	D_0
$0 \leqslant u_1 < \dfrac{1}{8} U_{\text{REF}}$	0	0	0	0	0	0	0	0	0	0
$\dfrac{1}{8} U_{\text{REF}} \leqslant u_1 < \dfrac{2}{8} U_{\text{REF}}$	0	0	0	0	0	0	1	0	0	1
$\dfrac{2}{8} U_{\text{REF}} \leqslant u_1 < \dfrac{3}{8} U_{\text{REF}}$	0	0	0	0	0	1	1	0	1	0
$\dfrac{3}{8} U_{\text{REF}} \leqslant u_1 < \dfrac{4}{8} U_{\text{REF}}$	0	0	0	0	1	1	1	0	1	1
$\dfrac{4}{8} U_{\text{REF}} \leqslant u_1 < \dfrac{5}{8} U_{\text{REF}}$	0	0	0	1	1	1	1	1	0	0
$\dfrac{5}{8} U_{\text{REF}} \leqslant u_1 < \dfrac{6}{8} U_{\text{REF}}$	0	0	1	1	1	1	1	1	0	1
$\dfrac{6}{8} U_{\text{REF}} \leqslant u_1 < \dfrac{7}{8} U_{\text{REF}}$	0	1	1	1	1	1	1	1	1	0
$\dfrac{7}{8} U_{\text{REF}} \leqslant u_1 < U_{\text{REF}}$	1	1	1	1	1	1	1	1	1	1

比较器的输出送到优先编码器进行编码，得到3位二进制代码$D_2 D_1 D_0$。

由上述分析可以看出，并联型A/D转换器的转换精度主要取决于量化电平的划分，分得越精细，精度越高。这种ADC的最大优点是具有较快的转换速度；但是，所用的比较器和其他硬件较多，输出数字量位数越多，转换电路将越复杂。因此，这种类型的转换器适用于高速度、低精度要求的场合。

8.3.3　逐次比较型A/D转换器

逐次比较型A/D转换器的转换原理与天平称物的过程十分相似。

假设天平有10 g，5 g，2.5 g，1.25 g和0.625 g 5种砝码，欲称一质量为15.67 g的物体W，用天平称的过程是从大到小逐个比较：

第一次用10 g砝码与W比较，$W>10$ g，保留这个10 g砝码，记作1；

第二次加上5 g砝码与W比较，$W>$（10+5）g，也保留这个5 g砝码，记作11；

第三次加上2.5 g砝码与W比较，$W<$（10+5+2.5）g，去掉这个2.5 g砝码，记作110；

第四次加上1.25 g砝码与W比较，W>（10+5+1.25）g，去掉这个1.25 g砝码，记作1100；

第四次加上0.625 g砝码与W比较，W>（10+5+0.625）g，保留这个0.625 g砝码，记作11001。

这样，将所有的砝码比较一遍后，得到了用二进制代码表示的物体质量为11001，所称的物体W的质量为（10+5+0.625）g=15.25 g，与物体实际质量15.67 g相差0.045 g。显然，砝码越多，表示物体质量的二进制数位数越多，误差就越小。这种用已知砝码质量逐次与未知物体质量进行比较，使天平上砝码的总质量逐次逼近被称物体质量的方法，就是逐次比较法。

并联比较型ADC只对转换电压进行一次比较即可进行编码，逐次比较型ADC的比较方式有所不同，是像天平称重一样从高位到低位逐次进行比较、编码，编码结果要经过多次比较才能产生。图8.3.4是3位逐次比较型ADC的原理框图。

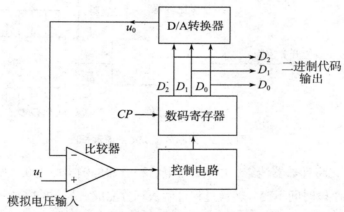

图8.3.4　逐次比较型ADC的原理框图

逐次比较型ADC由控制电路、数码寄存器、D/A转换器和电压比较器组成。其工作过程如下：

首先，控制电路使数码寄存器的输出为100，经过D/A转换变成相应的电压u_0，送到电压比较器与模拟电压输入u_1进行比较，若$u_1 > u_0$，则通过控制电路将最高位的1保留，反之则将最高位置0。接着将次高位置1，再经D/A转换为相应的电压u_0，重复上一步，根据比较结果决定次高位是1还是0；最后所有位都比较结束后，转换完成。这样数码寄存器中保存的数码就是A/D转换后的输出数码了。

逐次比较型ADC是除了并联型ADC外转换速度较快的A/D转换器，还有分辨率较高和误差较小的优点，在集成A/D转换器中得到了广泛的应用，如ADC0808/0809，AD574A等。

8.3.4 双积分型A/D转换器

双积分A/D转换器的基本原理是先把输入的模拟电压信号转换成与之成正比的时间宽度信号，然后在这个时间宽度里对固定频率的时钟脉冲计数，时间宽度越宽，计数时间就越长，计数值就越大，因此计数值就是正比于输入模拟电压的数字信号。所以，双积分型ADC属于电压时间变换型A/D转换器。

图8.3.5是双积分型ADC的原理框图，由积分器、比较器、计数器、锁存器、基准电压源、时钟信号源和逻辑控制电路等部分组成。

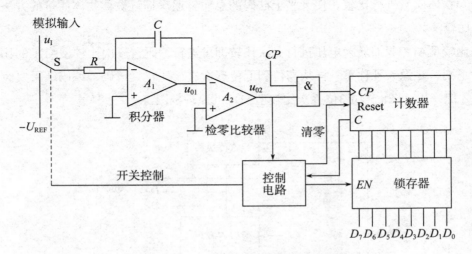

图8.3.5 双积分型ADC的原理框图

转换前首先将计数器清零，电容C放电，积分器的输出u_{01}为0。假定输入电压u_1，为正，并持续一小段时间不变。转换过程分两次积分完成，如图8.3.6所示。

第一次积分控制电路使模拟开关S接通输入电压u_1，电容C开始充电，积分器输出电压u_{01}、自零向负方向线性增加，由于u_{01}为负，比较器A_2输出u_{02}为正，计数器计数。当计数器计到第2^n个时钟脉冲时，计数器计满，复位到初始的0状态，同时送出一个进位脉冲C给控制电路，控制电路控制开关S合向基准电压$-U_{REF}$。此时电容C充电到u_p。积分器对u_1的积分过程结束，对$-U_{REF}$的积分过程开始。

第二次积分S接到$-U_{REF}$后，电容C被反向充电，积分器的输出u_{01}，开始反向线性减小。由于u_{01}仍然为负，计数器开始重新从0计数。当u_{01}减小到0时，比较器A_2输出u_{02}变为负值，封锁脉冲CP，计数结束，同时通过控制电路送出使能信号EN，将计数值送到锁存器锁存。

从两次积分的过程可以看出，由于两次积分的时间常数相同均为RC，因此锁存器中二进制数的大小与u_p有关，而u_p的大小又由输入电压u_1决定，计数值正比于输入电压的大小，从而完成模拟量到数字量的转换。

双积分ADC的一个突出优点是工作性能稳定，因为两次积分的时间常数均为RC，所以转换结果和精度不受R、C和时钟信号周期的影响。另一个突出优点是有较强的抗干扰能力，由于转换器的输入端使用了积分器，在积分时间常数等于交流电网频率的整数倍时，能有效地抑制工频干扰。另外，双积分型ADC中不需要使用D/A转换器，电路结构比较简单。

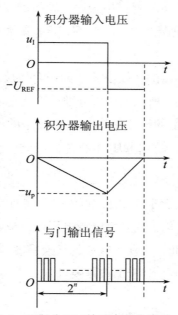

图8.3.6 双积分ADC的两次积分波形

这种转换器大多用于精度较高而转换速度要求不高的仪器仪表中，在数字万用表等对速度要求不高的场合得到广泛应用，常用的双积分集成ADC有AD7555 、 ICL7126、ICL7109 、 MC14433等。

8.3.5　A/D转换器的主要参数

（1）A/D转换器的转换精度

在单片集成的A/D转换器中也采用分辨率（又称分解度）和转换误差来描述转换精度。

分辨率以输出二进制数或十进制数的位数表示，它说明A/D转换器对输入信号的分辨能力。从理论上讲，n位二进制数字输出的A/D转换器应能区分输入2^n个不同等级大小，能区分输入电压的最小差异为$\frac{1}{2^n}$FSR（满量程输入的$\frac{1}{2^n}$），所以分辨率所表示的是A/D转换器在理论上能达到的精度。例如A/D转换器的输出为10位二进制数，最大输入信号为5 V，那么这个转换器的输出应能区分出输入信号的最小差异为5 V/2^{10}=4.88 mV。

转换误差通常以输出误差最大值的形式给出，它表示实际输出的数字量和理论上应有的输出数字量之间的差别，一般多以最低有效位的倍数给出。例如给出转换误差小于 $\pm\frac{1}{2}$ LSB（LSB为最低有效位），这就表明实际输出的数字量和理论上应得到的输出数字量之间的误差小于最低有效位的半个字。

有时也用满量程输出的百分数给出转换误差。例如A/D转换器的输出为十进制的 $3\frac{1}{2}$ 位（即所谓三位半），转换误差为 $\pm0.005\%$ FSR，则满量程输出为1999，最大输出误差小于最低位的1。

通常单片集成A/D转换器的转换误差已经综合地反映了电路内部各个元器件及单元电路偏差对转换精度的影响，所以无须再分别讨论这些因素各自对转换精度的影响了。

还应指出，手册上给出的转换精度都是在一定的电源电压和环境温度下得到的数据。如果这些条件改变了，将引起附加的转换误差。例如10位二进制输出的A/D转换器AD571在室温（+25℃）和标准电源电压（V_+=+5 V、V_-=−15 V）下转换误差 $\leq\pm\frac{1}{2}$ LSB，而当环境温度从0℃变到70℃时，可能产生 $\pm$1LSB的附加误差。如果正电源电压在+4.5 V至+5.5 V范围内变化，或者负电源电压在−16 V至13.5 V范围内变化时，最大的转换误差可达 $\pm$2LSB。因此，为获得较高的转换精度，必须保证供电电源有很好的稳定度，并限制环境温度的变化。对于那些需要外加参考电压的A/D转换器，尤其需要保证参考电压应有的稳定度。

（2）A/D转换器的转换速度

A/D转换器的转换速度主要取决于转换电路的类型，不同类型A/D转换器的转换速度相差甚为悬殊。

并联比较型A/D转换器的转换速度最快。例如，8位二进制输出的单片集成A/D转换器转换时间可以缩短至50 ns以内。

逐次渐近型A/D转换器的转换速度次之。多数产品的转换时间都在10 μs至100 μs之间。个别速度较快的8位A/D转换器转换时间可以不超过1 μs。

相比之下间接A/D转换器的转换速度要低得多了。目前使用的双积分型A/D转换器转换时间多在数十毫秒至数百毫秒之间。此外，在组成高速A/D转换器时还应将取样—保持电路的获取时间（即取样信号稳定地建立起来所需要的时间）计入转换时间之内。一般单片集成取样—保持电路的获取时间在几微秒的数量级，它和所选定的保持电容的电容量大小很有关系。

8.3.6 集成A/D转换器介绍

ADC0809是单片8位8路CMOS模/数转换器，它是按逐次比较型原理工作的，它除了具有基本的A/D转换功能外，内部还包括8路模拟输入通道及地址译码电路，输出具有三态缓冲功能，能与微机总线直接相连。

ADC0809的选中通道与地址码的关系如表8.3.2所示。

表8.3.2　ADC0809的地址码与选中通道的关系

ADDC	ADDB	ADDA	选中模拟通道
0	0	0	IN_0
0	0	1	IN_1
0	1	0	IN_2
0	1	1	IN_3
1	0	0	IN_4
1	0	1	IN_5
1	1	0	IN_6
1	1	1	IN_7

ADC0809的引出端功能如图8.3.7所示，各引出端功能如下：

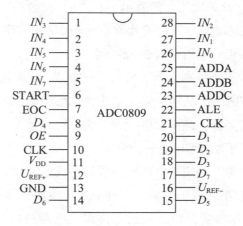

图8.3.7　ADC0809引出端功能图

$IN_0 \sim IN_7$：8路模拟量输入端。

$D_0 \sim D_7$：8位数字量输出端。

ADDA、ADDB、ADDC：3位地址输入线，用于选通8路模拟输入中的一路。

ALE：地址锁存允许信号，输入端，产生一个正脉冲以锁存地址。

START：A/D转换启动脉冲输入端，输入一个正脉冲（至少100 ns宽）使其启动（脉冲上升沿使0809复位，下降沿启动A/D转换）。

EOC：A/D转换结束信号，输出端，当A/D转换结束时，此端输出一个高电平（转换期间一直为低电平）。

OE：数据输出允许信号，输入端，高电平有效。当A/D转换结束时，此端输入一个高电平，才能打开输出三态门，输出数字量。

CLK：时钟脉冲输入端。要求时钟频率不高于640 kHz。

U_{REF+}、U_{REF-}：基准电压。

V_{CC}：电源，单一+5 V。

GND：地。

其他常用的集成ADC还有，3位双积分CL7126、$3\frac{1}{2}$位双积分MC14433、5G14433、CC14433、12位双积分AD7555、12位逐次逼近型AD574A等，这些芯片广泛地应用在仪器仪表、微机等自动控制系统，每种芯片都有其各自的特点和使用条件，具体内容请查阅相关的资料手册。

本章小结

1. D/A和A/D转换器是沟通模拟量和数字量之间的桥梁，在计算机接口、自动检测和信号处理等方面有着广泛的应用。随着电子技术的飞速发展，还会不断出现各种新型的D/A和A/D转换器，在这一章，仅讨论几种常见的D/A和A/D转换器的工作原理及主要指标，希望着重理解D/A和A/D转换器的基本概念。

2. 在D/A转换器中本章分别介绍了权电阻网络型、权电流型、倒T形电阻网络型、权电容网络型以及开关树型的D/A转换器。这几种电路在集成D/A转换器产品中都有应用。目前在双极型的D/A转换器产品中权电流型电路用得比较多；在CMOS集成D/A转换器中则以倒T形电阻网络和开关树型电路较为常见。

3. A/D转换器是将输入的模拟电压转换成与之成正比的二进制数字量。A/D转换器有并联比较型、逐次比较型和双积分型等多种形式，转换原理不同，性能上各有其特点。并联比较型ADC转换速度快，但所用的器件多，电路结构复杂，因此转换位数受到限制，且精度不高，价格贵；逐次比较型ADC的转换速度较快，而且所用的器件比并联比较型ADC少得多，因此在集成电路中用得最多；双积分型ADC虽然转换速度比较低，但由于它的性能稳定、电路简单、抗干扰能力强，所以在低速ADC中有着广泛的应用。在不同的场合，要根据实际情况选择不同的转换器，发挥器件的特点，做到经济、合理。

思考题

（1）倒T形电阻网络D/A转换器中，用哪些方法能调节输出电压的最大幅度？

（2）转换器的电路结构有哪些类型？它们各有何优、缺点？

（3）D/A转换器转换误差和建立时间是怎样定义的?

（4）影响D/A转换器转换精度的因素有哪些?

（5）A/D转换的一般过程是什么?

（6）从精度、工作速度和电路复杂性比较逐次逼近、并联比较、双积分型A/D转换器的特点。

练习题

[题8.1] n位权电阻型D/A转换器如图P8.1所示。

试推导输出电压v_0与输入数字量的关系式;

如$n=8$，$V_{REF}=-10$ V时，如输入数码为20 H，试求输出电压值。

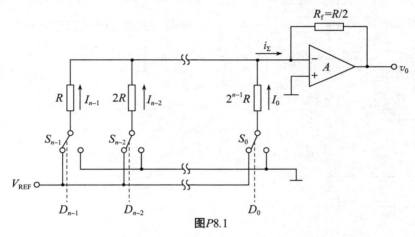

图P8.1

[题8.2] 10位R-$2R$网络型D/A转换器如图P8.2所示。

（1）求输出电压的取值范围;

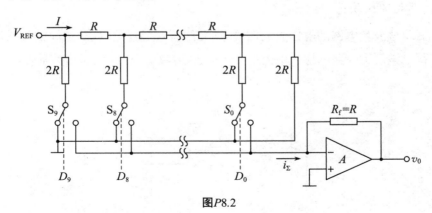

图P8.2

[题8.3] 已知R−$2R$网络型D/A转换器$V_{REF}=+5$ V，试分别求出4位D/A转换器和8位

D/A转换器的最大输出电压，并说明这种D/A转换器最大输出电压与位数的关系。

［题8.4］已知R–$2R$网络型D/A转换器V_{REF}=+5 V，试分别求出4位D/A转换器和8位D/A转换器的最小输出电压，并说明这种D/A转换器最小输出电压与位数的关系。

［题8.5］由555定时器、3位二进制加计数器、理想运算放大器A构成如图P7.5所示电路。设计数器初始状态为000，且输出低电平V_{OL}=0 V，输出高电平V_{OH}=3.2 V，R_d为异步清零端，高电平有效。

（1）说明虚框（1）、（2）部分各构成什么功能电路？

（2）虚框（3）构成几进制计数器？

（3）对应CP画出v_0波形，并标出电压值。

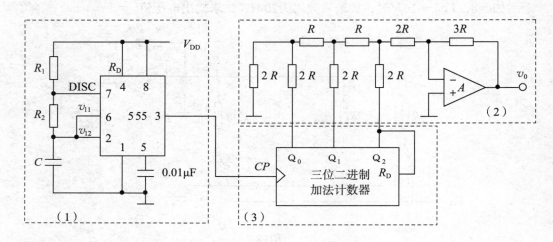

图P8.5

［题8.6］一程控增益放大电路如图P8.6所示，图中D_i=1时，相应的模拟开关S_i与v_1相接；D_i=0，S_i与地相接。

（1）试求该放大电路的电压放大倍数$A_V=\dfrac{v_0}{v_I}$与数字量$D_3D_2D_1D_0$之间的关系表达式；

（2）试求该放大电路的输入电阻$R_1=\dfrac{v_0}{i_I}$与数字量$D_3D_2D_1D_0$之间的关系表达式。

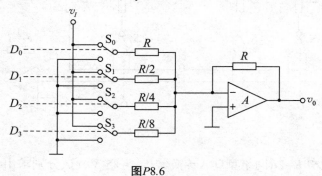

图P8.6

［题8.7］对于一个8位D/A转换器：

（1）若最小输出电压增量V_{LSB}为0.02 V，试问当输入代码为01001101时，输出电压v_0为多少伏？

（2）假设D/A转换器的转换误差为0.5 LSB，若某一系统中要求D/A转换器的精度小于0.25%，试问这一D/A转换器能否应用？

［题8.8］A/D转换器中取量化单位为Δ，把0～10 V的模拟电压信号转换为3位二进制代码，若最大量化误差为Δ，要求列表表示模拟电平与二进制代码的关系，并指出Δ的值。

模拟电平	二进制代码
	000
	001
	010
	011
	100
	101
	110
	111

［题8.9］如图P8.9（a）所示为一4位逐次逼近型A/D转换器，其4位D/A输出波形v_0与输入电压v_I分别如图P8.9（b）和（c）所示。

（1）转换结束时，图P8.9（b）和（c）的输出数字量各为多少？

（2）若4位A/D转换器的输入满量程电压V_{FS}=5 V，估计两种情况下的输入电压范围各为多少？

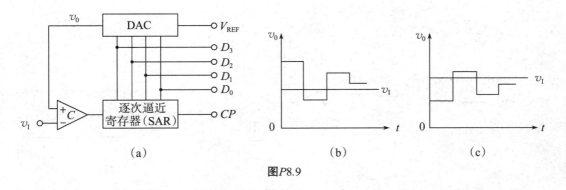

图P8.9

［题8.10］计数式A/D转换器框图如图P8.10所示。D/A转换器输出最大电压v_{0max}=5 V，v_I为输入模拟电压，X为转换控制端，CP为时钟输入，转换器工作前X=0，R_D

使计数器清零。已知，$v_I > v_0$时，$v_C = 1$；$v_I \leqslant v_0$时，$v_C = 0$。当$v_I = 1.2$ V时，试问

（1）输出的二进制数$D_4D_3D_2D_1D_0$输出的二进制数$D_4D_3D_2D_1D_0$为多少？

（2）转换误差为多少？

（3）如何提高转换精度？

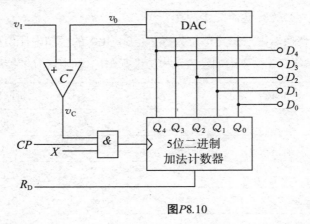

图P8.10

［题8.11］10位双积分型D/A转换器的基准电压$V_{REF} = 8$ V，时钟频率f_{CP}为1 MHz，则当输入电压$v_I = 2$ V时，完成A/D转换器所需要的时间。为多少？

［题8.12］双积分式A/D如图P8.12所示。

（1）若被测电压$v_{I(max)} = 2$ V，要求分辨率$\leqslant 0.1$ mV，则二进制计数器的计数总容量N应大于多少？

（2）需要多少位的二进制计数器？

（3）若时钟频率$f_{cp} = 200$ kHz，则采样保持时间为多少？

（4）若$f_{cp} = 200$ kHz，$|v_I| < |V_{REF}| = 2$ V，积分器输出电压的最大值为5 V，此时积分时间常数RC为多少毫秒？

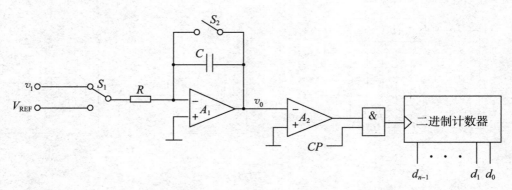

图P8.12

9　半导体存储器和可编程逻辑器件

本章介绍半导体存储器和可编程逻辑器件的电路结构和工作原理。在只读存储器中，简要介绍了二极管ROM、PROM和EPROM的工作原理及它们的特点。在随机存储器中，介绍了静态存储单元和动态存储单元的工作原理，并介绍了存储器存储容量的扩展方法，最后介绍了几种典型的可编程逻辑器件的基本结构和实现逻辑功能的编程原理。

9.1　半导体存储器

半导体存储器是一种能存储大量二值信息（或称为二值的数据）的半导体器件。

在电子计算机以及其他一些数字系统中，都需要对大量的数据进行存储。因此，存储器也就成了这些数字系统不可缺少的组成部分。

半导体存储器具有容量大、体积小、功耗低、存储速度快、使用寿命长等特点。根据用途的不同，存储器分为两大类。一类是只读存储器ROM（Read-Only Memory），用于存放永久性的、不变的数据，如代码转换表、固定程序等，这种存储器在断电后数据不会丢失。像计算机中的自检程序、初始化程序便是固化在ROM中的，在计算机接通电源后，首先运行它，对计算机硬件系统进行自检和初始化，自检通过后，装入操作系统，计算机才能正常工作。另一类是随机存储器RAM（Random Access Memory），用于存放一些临时的数据或中间结果，需要经常改变的存储内容。这种存储器断电后，数据将全部丢失。如计算机中的内存，就是这一类存储器。

ROM和RAM都用于存储数据，但性能和结构完全不同。ROM在正常工作状态下只能从中读取数据，不能随机修改或重新写入数据，ROM是一种大规模的组合逻辑电路。而RAM在正常工作状态下可以随时快速地读出或写入数据。RAM属于大规模时序逻辑电路。学习时，要注意它们的差异。

9.1.1　只读存储器（ROM）

只读存储器，简称ROM，它用于存放固定不变的信息，它在正常工作时，只能按给定地址读出信息，而不能写入信息，故称为只读存储器。ROM的优点是电路结构简单，而且在断电以后数据不会丢失，存储信息可靠。它的缺点是只适合于存储固定数据的场合。但是，随着电子技术的发展，又出现了可编程只读存储器PROM（Programmable Read-Only Memory）和可擦除的可编程只读存储器EPROM（Erasable Programmable Read-Only Memory）。PROM中的数据可以由用户写入，但写入后就不能修改了。而EPROM里的数据用户可以写入或擦除重写，使用更加灵活、方便。

（1）固定ROM

固定ROM又称掩模ROM，这种ROM在制造时，生产厂家利用掩模技术把数据写入存储器中，一旦ROM制成，其存储的数据也就固定不变了。

ROM的电路结构包含存储矩阵、地址译码器和输出缓冲器三个组成部分，如图9.1.1所示。存储矩阵由许多存储单元排列而成。存储单元可以用二极管构成，也可以用双极型三极管或MOS管构成。每个单元能存放1位二值代码（0或1）。每一个或一组存储单元有一个对应的地址代码。

地址译码器的作用是将输入的地址代码译成相应的控制信号，利用这个控制信号从存储矩阵中把指定的单元选出，并把其中的数据送到输出缓冲器。

输出缓冲器的作用有两个，一是能提高存储器的带负载能力，二是实现对输出状态的三态控制，以便与系统的总线联接。

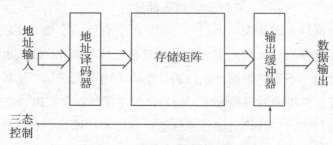

图9.1.1　ROM的电路结构框图

图9.1.2是具有2位地址输入码和4位数据输出的ROM电路，它的存储单元使用二极管构成。它的地址译码器由4个二极管与门组成。2位地址代码A_1A_0能给出4个不同的地址。地址译码器将这4个地址代码分别译成$W_0 \sim W_3$ 4根线上的高电平信号。存储矩阵实际上是由4个二极管或门组成的编码器，当$W_0 \sim W_3$每根线上给出高电平信号时，都会在$D_3 \sim D_0$ 4根线上输出一个4位二值代码，通常将每个输出代码叫一个"字"，并把$W_0 \sim W_3$叫作字

线，把$D_0 \sim D_3$叫作位线（或数据线），而A_1A_0称为地址线。输出端的缓冲器用来提高带负载能力，并将输出的高、低电平变换为标准的逻辑电平。同时，通过给定$\overline{EN}$信号实现对输出的三态控制。

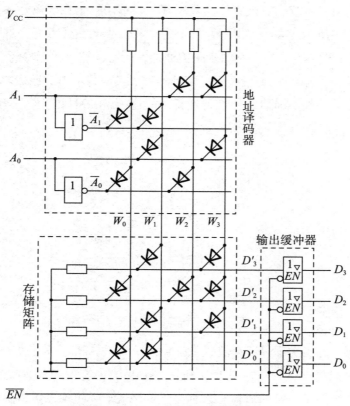

图9.1.2 二极管4×4位的电路结构图

在读取数据时，只要输入指定的地址码并令$\overline{EN}=0$，则指定地址内各存储单元所存的一个4位二值代码便会出现在输出数据线上。例如当$A_1A_0=00$时，$W_0=1$，而其他字线均为低电平。这时有D'_0、D'_2两根线与W_0间接有二极管，所以这两个二极管导通后使D'_0、D'_2为高电平，而D'_1、D'_3为低电平。如果这时$\overline{EN}=0$，即可在数据输出端得到$D_3D_2D_1D_0=0101$。同理可知：当$A_1A_0=01$、10、11时，则输出$D_3D_2D_1D_0$依次为1011、0100、1110。由此可知，所谓存储信息1，就是指在字线和位线的交叉处接有二极管。所谓存储信息0，就是指在字线和位线的交叉处没有二极管。所以字线和位线的交叉点称为存储单元。

习惯上用存储单元的数目表示存储器的存储量（或称容量），并写成"（字数）×（位数）"的形式。例如图9.1.2中ROM的存储量应表示成"4×4位"。

（2）可编程只读存储器（PROM）

可编程只读存储器是一种用户可直接向芯片写入信息的存储器，这样的ROM称为可编程ROM，简称PROM。向芯片写入信息的过程称为对存储器芯片编程。PROM是在固定ROM上发展起来的，同样由存储矩阵、地址译码器和输出缓冲器三个部分组成。其存储单元仍然是用二极管、三极管作为受控开关，不同的是在等效开关电路中串接了一个熔丝，如图9.1.3所示。在PROM中，每个字线和位线的交叉点都接有一个这样的熔丝开关电路，在没有编程前，全部熔丝都是连通的，所有存储单元都相当于存储了1，如欲使某些存储单元改写为0，只要借助于一定的编程工具，将不需要连接的开关元件上串联的熔丝烧断即可。熔丝烧断后，便不可恢复，故这种PROM只能进行一次编程，存储器芯片经编程后，只能读出，不能再写入。

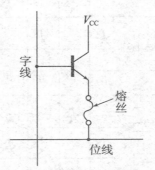

图9.1.3 熔丝型*PROM*的存储单元

（3）可擦除的可编程只读存储器（EPROM）

由于PROM只能进行一次编程，所以PROM的内容一经写入以后，就不能再修改了，这使用户承担了一定的风险。为了克服这个缺点，出现了可擦除的可编程只读存储器。它允许对芯片进行反复改写，即可以把写入的信息擦除，然后再重新写入信息。因此对在需要经常修改ROM中的内容的场合带来了很大的方便，同时也降低了用户的风险，用户用这种芯片进行新产品开发时是很方便、经济的。

根据对ROM芯片中内容擦除方式的不同，可擦除的可编程ROM有两种类型，一种是紫外线擦除方式，称为EPROM。紫外线擦除方式的EPROM是最早研究成功并投入使用的。EPROM与PROM在总体结构形式上基本相同，只是采用了不同的存储单元，它的存储单元结构是用一个特殊的浮栅MOS管替代熔丝。通过专用编程器，用幅度较大的编程脉冲对浮栅MOS管作用后，使浮栅中注入电荷，成为永久导通态，相当于熔丝接通，存储信息1。如果将EPROM置于专用的紫外擦除器中，利用强紫外光照射后，就可消除浮栅中的电荷，成为永久截止态，相当于熔丝断开，从而擦除信息1，而成为存储了信息0。这种EPROM芯片具有供紫外线擦除芯片用的的石英窗口，因此，在向EPROM芯片写

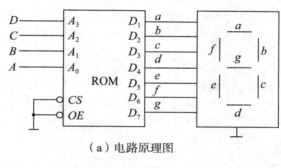

入信息后，要用不透光胶纸将石英窗口密封，以免破坏芯片内的信息。另一种是电擦除可编程方式，称为EEPROM（Electrically Erasable Programmable Read-Only Memory），也写作E2PROM。它的存储结构类似于EPROM，它由编程脉冲控制向浮栅注入电荷或消除电荷，使它成为导通态或截止态。从而实现电写入信息和电擦除信息。

（4）ROM的应用举例

下面通过一个例子说明ROM的一种简单应用。图9.1.4给出了一个用ROM实现的十进制数码显示电路。图中8421BCD码接至ROM的地址输入线，ROM的七根数据线依次接到七段数码显示器的a ~ g端。这样，地址单元0000的内容对应七段数码0。1001的内容对应七段数码9，从而实现十进制数显示。

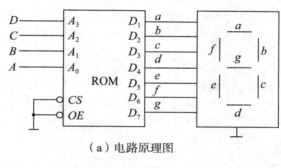

（a）电路原理图

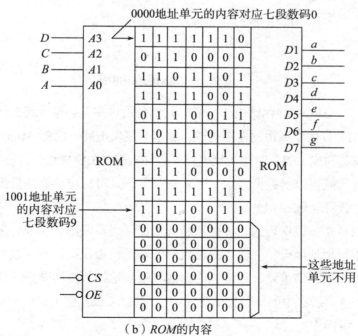

（b）ROM的内容

图9.1.4 用ROM显示十进制数

9.1.2 随机存储器（RAM）

随机存储器也叫随机读/写存储器，简称RAM。在RAM工作时可以随时从任何一个指定地址读出数据，也可以随时将数据写入任何一个指定的存储单元中去。它的最大的优点是读、写方便，使用灵活。缺点是在电源中断后存储的信息将全部消失，故不利于数据的长期保存。

（1）RAM的基本结构

RAM的一般电路结构框图如图9.1.5所示，从外观上看，它与ROM相同的部分是存储矩阵和地址译码器，不同的是ROM只有输出电路（只读），而RAM是输入/输出电路，即读/写控制电路（能读、能写）。

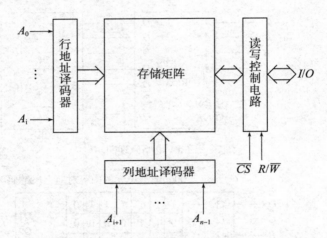

图9.1.5 *RAM*的结构框图

存储矩阵：与ROM的存储矩阵一样，它也是由许多存储单元组成矩阵电路形式，所不同的是ROM的存储单元由门电路构成，属组合逻辑电路，而RAM的存储单元由具有记忆功能的触发器构成，属于时序逻辑电路。存储矩阵是RAM的核心，它在译码器和读/写电路的控制下，既可以将数据写入（写入1或0），又可以将存储的数据读出。存储矩阵中存储单元的数目就是RAM的容量。

地址译码器：一般由行地址译码器和列地址译码器两部分组成，来共同选出存储器的地址。其中行地址译码器将输入地址代码的若干位译成某一条字线的输出信号，从存储矩阵中选中一行存储单元；列地址译码器将输入地址代码的其余几位译成某一根输出线上的信号，从字线选中的一行存储单元中再选1位（或几位），以便对这些选中的地址单元进行读、写操作。

读/写控制电路：用于对电路的工作状态进行控制。当读/写控制信号$R/\overline{W}=1$时，执行读操作，将存储单元里的数据送到输入/输出端上。当$R/\overline{W}=0$时，执行写操作，加到输入

/输出端上的数据被写入存储单元中。图中的双向箭头表示一组可双向传输数据的导线，它所包含的导线数目等于并行输入/输出数据位数。在读/写控制电路上另设有片选输入端 $\overline{CS}$。当 $\overline{CS}$=0时RAM为正常工作状态；当 $\overline{CS}$=1时所有的输入/输出端均为高阻态，不能对RAM进行读/写操作。

（2）RAM的存储单元

不同类型的RAM，其基本电路结构都是类似的。存储单元不同时，读/写控制电路也不同。下面介绍存储单元电路。

① 静态随机存储器SRAM（Static Random Access Memory）的存储单元电路

静态存储单元是由触发器和门控管组成的。存储单元有CMOS型、NMOS型和双极型等，双极型存储单元的工作速度快，但工艺复杂、功耗大、成本高，仅用于工作速度要求较高的场合，CMOS型存储单元具有微功耗、集成度高的特点，尤其在大容量存储器中，这一特点越发具有优势，因此大容量静态存储器都采用CMOS型的存储单元。

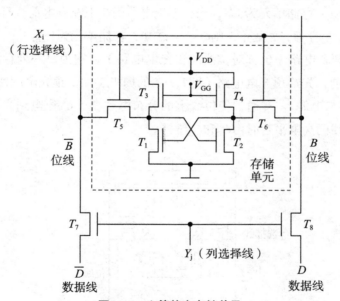

图9.1.6　六管静态存储单元

静态RAM中存储单元的结构如图9.1.6所示。虚线框中的存储单元为六管SRAM存储单元，其中 $T_1 \sim T_4$ 构成一个基本RS触发器，用来存储1位二值数据。T_5、T_6 为本单元控制门，由行选择线 X_i 控制。X_i=1，T_5、T_6 导通，触发器与位线接通；X_i=0，T_5、T_6 截止，触发器与位线隔离。T_7、T_8 为一列存储单元公用的控制门，用于控制位线与数据线的连接状态，由列选择线 Y_j 控制。显然，当行选择线和列选择线均为高电平时，$T_5 \sim T_8$ 都导通，触发器的输出才与数据线接通，该单元才能通过数据线传送数据。因此，存储单元能够进行读/写操作的条件是，与它相连的行、列选择线均须呈高电平。

由静态存储单元构成的静态RAM的特点是，数据由触发器记忆，只要不断电，数据就能永久保存。

② 动态随机存储器DRAM（Dynamic Random Access Memory）的存储单元电路

动态存储单元是由MOS管的栅极电容C和门控管组成的。动态存储单元的数据以电荷的形式存储在栅极电容上，当电容上的电压为高电平时表示存储数据1；当电容上的电压为低电平时表示存储数据0。因为MOS管电容不可避免地存在漏电，这样就会使电容存储的信息可能丢失。为了防止信息丢失，就必须定时地给电容补充电荷，这种操作称为"刷新"，由于要不断刷新，所以称为动态存储。

图9.1.7为四管MOS动态存储单元电路结构，其中$T_1 \sim T_4$组成动态存储单元，T_1和T_2的栅极和漏极交叉相连，数据以电荷的形式存储在栅极电容C_1、C_2上，而C_1、C_2上的电压又控制着T_1、T_2的导通和截止。

当C_2上无电荷而C_1上充有电荷，且C_1上的电压大于T_1管的开启电压时，T_1导通，T_2截止，则$Q=0$，$\overline{Q}=1$，存储单元为0态；当C_1上无电荷而C_2上充有电荷，且C_2上的电压大于T_2的开启电压时，T_2导通，T_1截止，则$Q=1$，$\overline{Q}=0$，存储单元为1态。

T_5、T_6构成刷新电路（也称对位线的预充电电路），它为每一列存储单元所公用。在执行读操作之前，先给预充电电路（即T_5、T_6的栅极）加上预充电脉冲V_R，使T_5、T_6导通，将位线B、$\overline{B}$与电源V_{DD}接通，使位线上的分布电容C_B、$C_{\overline{B}}$充电到高电平，在预充电脉冲消失后，位线的高电平暂时由C_B和$C_{\overline{B}}$维持。

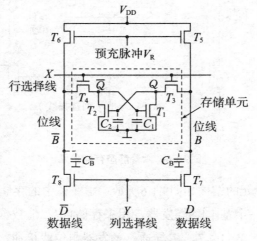

图9.1.7 四管MOS动态存储单元

在位线为高电平期间，令行选择线X和列选择线Y同时为高电平，则T_3、T_4和T_7、T_8导通。假定存储单元为1态（即C_2上充有电荷，C_1上无电荷，且使T_2导通，T_1截止，则$Q=1$，$\overline{Q}=0$），这时$C_{\overline{B}}$上的电荷将通过T_4、T_2放电，使位线$\overline{B}$变成低电平；同时由于T_1截止，位线B仍保持为高电平。这样就把存储单元的状态$Q=1$，$\overline{Q}=0$（1态）分别读到了位线B和$\overline{B}$上。由于此时Y也为高电平。故B和$\overline{B}$上的状态便通过T_7和T_8送到数据线D和$\overline{D}$上。

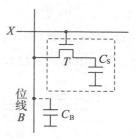

图9.1.8 单管动态MOS存储单元

在执行写操作时，X、Y同时给出高电平，输入数据加到数据线D和$\overline{D}$上，通过T_7、T_8传输到位线B、$\overline{B}$上，再经过T_3、T_4将数据存到C_1、C_2上。

为了提高集成度，目前大容量动态RAM的存储单元普遍采用单管结构，其电路如图9.1.8所示。0或1数据存于电容CS上，T为门控管，通过控制T的导通与截止，可以把数据从存储单元送至位线上或者将位线上的数据写入到存储单元。

动态存储单元与静态存储单元相比，具有电路结构简单、功耗低、适于高集成度的要求等优点，但不如静态存储单元使用方便，且存取数据的速度也不如静态存储单元快。

9.1.3 存储器容量的扩展

当使用一片ROM或RAM器件不能满足对存储容量的要求时，就需要将若干片ROM或RAM组合起来，形成一个更大的存储器。

（1）位扩展方式

如果每一片ROM或RAM中的字数已经够用而每个字的位数不够用时，应采用位扩展的连接方式，将多片ROM或RAM组合成位数更多的存储器。

RAM的位扩展连接方法如图9.1.9所示。在这个例子中，用8片1 024×1位的RAM接成了一个1 024×8位的RAM。连接的方法十分简单，只需将各片RAM的所有地址线、$R/\overline{W}$线、$\overline{CS}$线分别并联起来就行了。每一片的I/O端作为整个RAM输入/输出数据端的一位。这样扩展后的RAM，其总的存储容量为每一片存储容量的8倍。

ROM芯片上没有读/写控制端$R/\overline{W}$，在进行位扩展时其余引出端的连接方法和RAM完全相同。

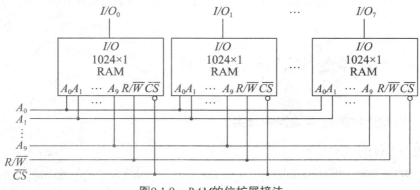

图9.1.9 RAM的位扩展接法

（2）字扩展方式

如果每一片存储器的数据位数够用而字数不够用时，则需要采用字扩展方式，将多片存储器（ROM或RAM）芯片接成一个字数更多的存储器。

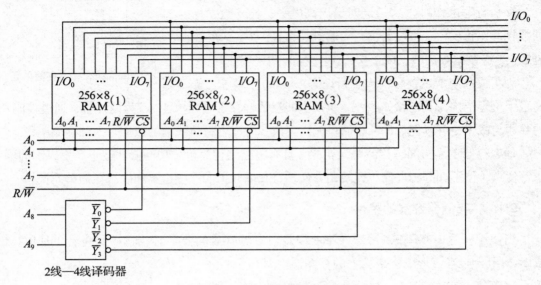

图9.1.10 *RAM*的字扩展接法

图9.1.10是用字扩展方式将4片256×8位的RAM接成一个1 024×8位RAM的例子。因为4片中共有1 024个字，所以必须给它们编成1 024个不同的地址。然而每片集成电路上的地址输入端只有8位（A_0～A_7），给出的地址范围全都是0～255，无法区分4片中同样的地址单元。

因此，必须增加地址代码A_8、A_9，使地址代码增加到10位，才能得到1 024个地址。这时需要一个2线–4线译码器，用译码器的4个输出分别控制4片RAM的片选端$\overline{CS}$，同时将地址线A_0～A_7并接起来，把读/写控制端$R/\overline{W}$也都接在一起。

实际应用中，常将两种方法相互结合，以达到字和位均扩展的要求。

9.2 可编程逻辑器件（PLD）

9.2.1 PLD器件的基本结构和分类

（1）PLD器件的基本结构

可编程逻辑器件（Programmable Logic Device，简称PLD）的基本结构是由与阵列和或阵列、再加上输入缓冲电路和输出电路组成的，如图9.2.1所示。

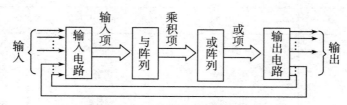

图9.2.1 *PLD*的基本结构框图

其中输入缓冲电路可产生输入变量的原变量和反变量，并提供足够的驱动能力，它的逻辑符号如图9.2.2所示。与阵列由多个多输入与门组成，或阵列由多个多输入或门组成。其中，与、或阵列交叉点上的连接方式共有三种情况，如图9.2.3所示。图9.2.4所示为与门和或门的PLD表示法，通常把A、B、C、D称为输入项，把Y_1称为乘积项，图中$Y_1=ACD$，$Y_2=A+C+D$。PLD的输出电路因器件的不同有所不同，但总体可分为固定输出和可组态输出两类。

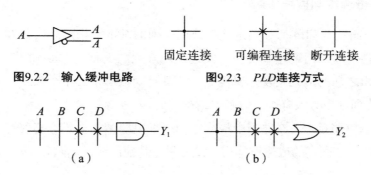

图9.2.2 输入缓冲电路   **图9.2.3** *PLD*连接方式

图9.2.4 *PLD*表示法的图形符号

由PLD的结构可知，最终在输出端得到的是输入变量的乘积项之和。众所周知，任何组合逻辑函数和时序逻辑电路的驱动函数均可以化为与–或式（积之和）。因此，PLD的这种结构与触发器（存储单元）相配合，对实现数字电路和数字系统的设计具有普遍的意义。

（2）PLD器件的分类

PLD主要由与阵列和或阵列两大阵列组成，按各阵列是固定阵列还是可编程阵列，以及输出电路是固定还是可组态来划分，PLD可分为可编程只读存储器PROM、可编程逻辑阵列PLA（Programmable Logic Array）、可编程阵列逻辑PAL（Programmable Array Logic）和通用阵列逻辑GAL（Generic Array Logic）四类，如表9.2.1所示。

表9.2.1   按编程部位分类PLD

分类	与阵列	或阵列	输出电路
PROM	固定	可编程	固定
PLA	可编程	可编程	固定
PAL	可编程	固定	固定
GAL	可编程	固定	可组态

由该表可以看出：PROM 、PAL和 GAL只有一种阵列可编程，故称为半场可编程逻辑器件，而PLA的与阵列和或阵列均可编程，故称为全场可编程逻辑器件。由于PLA器件缺少高质量的编程工具和支撑软件，且器件价格贵，因而较少使用。而PAL和GAL是与阵列可编程，或阵列固定，其工作速度快，价格低，并具有组合输出和触发器（寄存器）输出形式，具有强大的编程工具和软件支撑，因此被普遍使用。

9.2.2   可编程阵列逻辑（PAL）

PAL采用可编程与门阵列和固定连接或门阵列的基本结构形式，是70年代后期推出的PLD器件，它一般采用熔丝编程技术实现与门阵列的编程。用PAL门阵列实现逻辑函数时，是用乘积之和的形式实现逻辑函数的，其每个输出是若干个乘积之和。虽然各种型号PAL的门阵列规模有大有小，但基本结构类似。

图9.2.5所示电路是PAL器件当中最简单的一种电路结构形式，它仅包含一个可编程的与逻辑阵列和一个固定的或逻辑阵列，没有附加其他的输出电路。

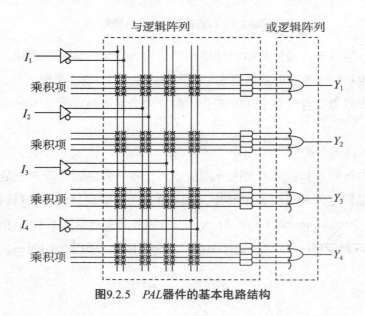

图9.2.5   *PAL*器件的基本电路结构

由上图可见，在尚未编程之前，与逻辑阵列的所有交叉点上均有熔丝接通。经过编程后，将有用的熔丝保留，将无用的熔丝熔断，即得到所需的电路。图9.2.6是经过编程后的一个PAL器件的结构图。它所产生的逻辑函数为

$$Y_1=I_1I_2I_3+I_2I_3I_4+I_1I_3I_4+I_1I_2I_4$$
$$Y_2=\overline{I_1}\,\overline{I_2}+\overline{I_2}\,\overline{I_3}+\overline{I_3}\,\overline{I_4}+\overline{I_4}\,\overline{I_1}$$
$$Y_3=I_1\overline{I_2}+\overline{I_1}I_2$$
$$Y_4=I_1I_2+\overline{I_1}\,\overline{I_2}$$

目前常见的PAL器件中，输入变量最多的可达20个，与逻辑阵列乘积项最多的有80个，或逻辑阵列输出最多的有10个，每个或门输入端最多的达16个。为了扩展电路的功能并增加使用的灵活性，在许多型号的PAL器件中还增加了各种形式的输出电路。

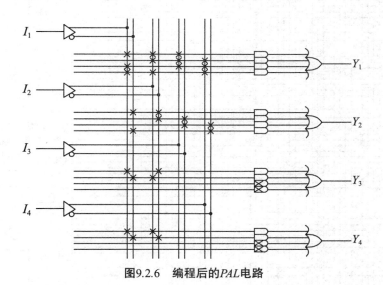

图9.2.6 编程后的PAL电路

9.2.3 可编程通用阵列逻辑（GAL）

PAL器件虽然给逻辑设计带来了很大的灵活性，但它还存在着一旦编程便不能改写及不同输出结构的PAL对应不同型号的PAL器件等不足之处。因此出现了通用阵列逻辑器件GAL，通用阵列逻辑器件GAL也是与-或阵列结构，它是在PAL器件的基础上发展起来的新一代增强型器件。GAL利用灵活的输出逻辑宏单元OLMC（Output Logic Macro Cell）结构来增强输出功能，使GAL器件具有可擦除、可重新编程和可重新配置其结构等功能。因此用GAL器件设计逻辑系统，灵活性大。注意GAL和PAL器件都需要通用或专用编程器进行编程。

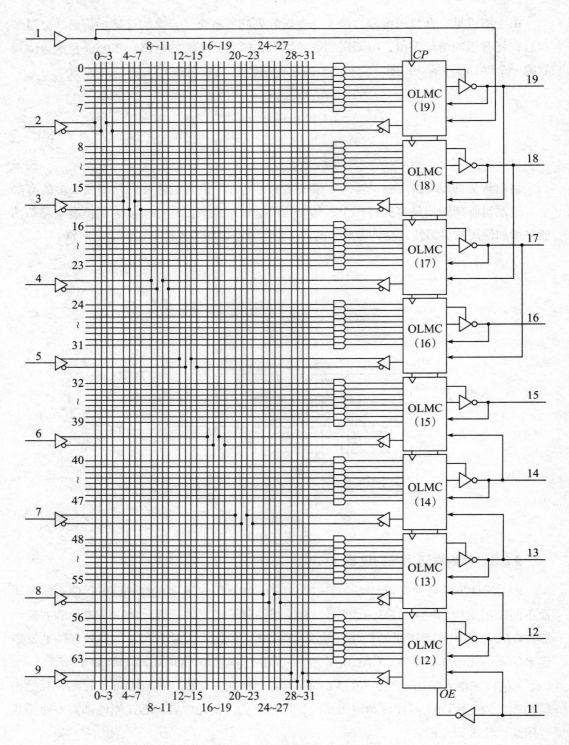

图9.2.7　GAL16V8的逻辑结构图

（1）GAL的基本结构

根据GAL器件的门阵列结构，可以把现有的GAL器件分为两大类：一类与PAL器件基本相似，即与门阵列可编程，或门阵列固定连接，这类器件有GAL16V8和GAL20V8等；另一类GAL器件的与门阵列和或门阵列都可编程，GAL39V18就属于这类器件。前一类GAL器件具有基本相同的电路结构。

通用型GAL包括GAL16V8和GAL20V8两种器件。其中GAL16V8是20脚器件，器件型号中的16表示最多有16个引脚作为输入端，器件型号中的8表示器件内含有8个OLMC，最多可有8个引脚作为输出端。

下面以GAL16V8为例，说明GAL的电路结构和工作原理。图9.2.7为GAL16V8的逻辑结构图，它由五部分组成：

① 8个输入缓冲器（引脚2～9做固定输入）；

② 8个输出缓冲器（引脚12～19作为输出缓冲器的输出）；

③ 8个输出逻辑宏单元（OLMC12～19，或门阵列包含在其中）；

④ 可编程与门阵列（由8×8个与门构成，形成64个乘积项，每个与门有32个输入端）；

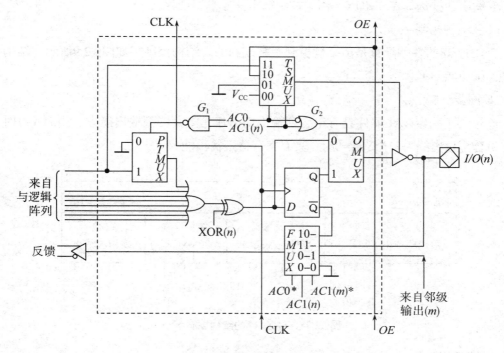

图9.2.8　输出逻辑宏单元*OLMC*

⑤ 8个输出反馈/输入缓冲器（其中一列8个缓冲器）。

除以上5个组成部分外，该器件还有1个系统时钟CP的输入端（引脚1），一个输出三态控制端OE（引脚11），一个电源V_{CC}端和一个接地端（引脚20和引脚10，图中未画出。通常V_{CC}=5 V）。

（2）输出逻辑宏单元（OLMC）

GAL的每一个输出端都对应一个输出逻辑宏单元OLMC，它的逻辑结构示意图如图9.2.8所示。它主要由4部分组成：

① 或阵列：是一个8输入或阵列，构成了GAL的或门阵列。

② 异或门：异或门用于控制输出信号的极性，8输入或门的输出与结构控制字中的控制位XOR（n）异或后，输出到D触发器的D端。通过将XOR（n）编程为1或0来改变或门输出的极性；XOR（n）中的n表示该宏单元对应的I/O引脚号。

③ 正边沿触发的D触发器：锁存或门的输出状态，使GAL适用于时序逻辑电路。

④ 4个数据多路开关（数据选择器MUX）：

a. 乘积项数据选择器PTMUX：用于控制来自与阵列的第一乘积项。

b. 三态数据选择器TSMUX：用于选择输出三态缓冲器的选通信号。

c. 反馈数据选择器FMUX：用于决定反馈信号的来源。

d. 输出数据选择器OMUX：用于控制输出信号是否锁存。

（3）结构控制字

GAL16V8的各种配置是由结构控制字来控制的。结构控制字如图9.2.9所示。结构控制字各位功能如下：

① 同步位SYN。

该位用于确定GAL器件具有组合型输出能力还是寄存器型输出能力。当SYN=1时，具有组合型输出能力；当SYN=0时，具有寄存器型输出能力。

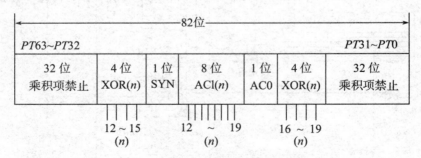

图9.2.9 $GAL16V8$的结构控制字

② 结构控制位AC0

这1位对于8个OLMC是公共的，它与各个OLMC（n）各自的AC1（n）配合，控制OLMC（n）中的各个多路开关。

③ 结构控制位AC1。

共有8位。每个OLMC（n）有单独的AC1（n）。

④ 极性控制位XOR（n）。

通过OLMC中间的异或门，控制逻辑操作结果的输出极性：

XOR（n）=0时，输出信号O（n）低电平有效；

XOR（n）=1时，输出信号O（n）高电平有效。

⑤ 乘积项（PT）禁止位。

共有64位，分别控制逻辑图中与门阵列的64个乘积项（PT0～PT63），以便屏蔽某些不用的乘积项。通过对结构控制字的编程，便可控制GAL的工作方式。

由于OLMC提供了灵活的输出功能，因此编程后的GAL器件可以替代所有其他固定输出级的PLD。

本章小结

1. 半导体存储器可分为RAM和ROM两大类，它绝大多数属于MOS工艺制成的大规模集成电路，是现代电子系统特别是计算机中的重要组成部分。

2. ROM是一种只读存储器，它存储的是固定数据，一般只能读出。根据数据写入方式的不同，ROM可分成固定ROM和可编程ROM。

3. RAM是随机存储器，它存储的数据随电源断电而消失，是一种易失性的读写存储器。它包含SRAM和DRAM两种类型。

4. 可编程逻辑器件PLD是一种半定制的数字集成电路，用户可以自行设计该类器件的逻辑功能。PAL和GAL电路结构的核心都是与-或阵列，是两种典型的可编程逻辑器件。

思考题

（1）存储器和寄存器在电路结构和工作原理上有何不同？

（2）ROM和RAM的主要区别有哪些方面？

（3）何谓存储器的存储容量？其中"字""位"各是什么意思？

（4）什么是静态存储单元与动态存储单元？二者在结构上和工作原理上各有什么区别？

（5）试说明如何利用位扩展法扩展RAM的容量。

（6）试说明如何利用字扩展法扩展RAM的容量。

（7）可编程逻辑器件有哪些类型？它们的共同特点是什么？

（8）比较PAL和GAL器件在电路结构上有何异同点？

练习题

[题9.1] 指出下列存储系统各具有多少个存储单元，至少需要几根地址线和数据线。

（1）64 K × 1　　　（2）256 K × 4　　　　（3）1 M × 1

[题9.2] 设存储器的起始地址为全0，试指出下列存储器的最高地址为多少？分别用二进制和十六进制表示最高地址。

（1）2 K × 1　　　（2）16 K × 4　　　　（3）256 K × 16

[题9.3] 试确定用ROM实现下列逻辑函数所需容量：

（1）实现两个4位二进制数相乘的乘法器；

（2）将8位二进制数转换为8421BCD码的转换电路。

[题9.4] 试用PROM实现将8421BCD码转换为余3BCD码。

[题9.5] 试用2片1 024 × 8位的ROM组成1 024 × 16位的存储器。

[题9.6] 试用2片4 K × 8位的RAM组成8 K × 8位的存储器。

[题9.7] 一个4 096位DRAM，存储矩阵采用64行 × 64位结构。设每个存储单元刷新时间为400 ns，问需多少时间才能将全部存储单元刷新一遍？

[题9.8] 用PLD的点阵示意图表示下列逻辑函数

（1）$Y=\overline{A}\,\overline{B}\,\overline{C}+A\overline{B}C+ABC$

（2）$Y=\overline{A}\,\overline{B}\,\overline{C}\,\overline{D}+A\overline{B}CD+AB\overline{C}D+ABCD$

参考文献

［1］阎石.数字电子技术基础［M］.5版.北京：高等教育出版社，2008.

［2］康华光.电子技术基础［M］.5版.北京：高等教育出版社，2008.

［3］杨志忠.数字电子技术［M］.2版.北京：高等教育出版社，2002.